果树水肥一体化

GUOSHU
SHUIFEI YITIHUA
SHIYONG JISHU

宋志伟 邓忠 主编

U0209516

化学工业出版社

·北京·

图书在版编目（CIP）数据

果树水肥一体化实用技术/宋志伟，邓忠主编. —北京：
化学工业出版社，2018.1 (2023.7重印)
　ISBN 978-7-122-31103-0

　Ⅰ.①果…　Ⅱ.①宋…②邓…　Ⅲ.①果树-肥水管理
Ⅳ.①S66

中国版本图书馆 CIP 数据核字（2017）第 294441 号

责任编辑：邵桂林　　　　　　　　装帧设计：王晓宇
责任校对：王　静

出版发行：化学工业出版社（北京市东城区青年湖南街 13 号　邮政编码 100011）
印　　装：北京七彩京通数码快印有限公司
850mm×1168mm　1/32　印张 7¾　字数 202 千字
2023 年 7 月北京第 1 版第 5 次印刷

购书咨询：010-64518888　　　　　　售后服务：010-64518899
网　　址：http://www.cip.com.cn
凡购买本书，如有缺损质量问题，本社销售中心负责调换。

定　　价：35.00 元

编写人员名单

主　　编　　宋志伟　邓　忠

副主编　　孙发伟　杨首乐

编写人员　　宋志伟　邓　忠　孙发伟

　　　　　杨首乐　张兆欣　李　平

　　　　　海建平

前言
Foreword

目前，水肥一体化技术在世界上被公认为是提高水肥资源利用率的最佳技术，1960年左右始于以色列。2012年国务院印发《国家农业节水纲要（2012—2020）》，强调要积极发展水肥一体化；2013年3月农业部下发《水肥一体化技术指导意见》，全国农技中心把水肥一体化列为"一号技术"加以推广，并在蔬菜、果树、花卉和半干旱地区的作物上不同程度地加以应用，在北京、天津、河北、山东、河南、广东、广西、内蒙古等地的应用面积逐年扩大。

果树水肥一体化技术是借助压力系统（或地形自然落差），按土壤养分含量和果树需肥规律和特点，将可溶性固体或液体肥料配兑成的肥液与灌溉水一起相融后，通过管道和滴喷头形成滴喷灌，均匀、定时、定量地浸润果树根系，满足果树生长需要。该技术具有"水肥均衡、省工省时、节水省肥、减轻病害、控温调湿、增加产量、改善品质、效益显著"等特点，水肥一体化技术工程投资（包括管路、施肥池、动力设备等）约为1000元/亩（1亩=667平方米），可以使用5年左右。水肥一体化技术比常规施肥可减少50%~70%的肥料用量，水量也只有沟灌的30%~40%，每年节省的肥料和农药成本至少为700元，增产幅度可达30%以上。

为更好推广果树水肥一体化技术，使技术人员和果农更好掌握和应用该项技术，我们联合灌溉技术和肥料施用技术等方面的专家编写了这本《果树水肥一体化实用技术》。本书在简要介绍了水肥一体化技术后，重点介绍了水肥一体化技术的主要设备、规划设计、设备安装与调试、系统操作与维护、灌溉施肥制度、主要北方落叶果树（苹果、葡萄、梨、桃等）、主要南方常绿果树（柑橘、荔枝等）和主要草本果树（香蕉、菠萝、西瓜、草莓等）水肥一体化技术应用等内容。本书具体介绍果树水肥一体化技术应用时主要从灌溉类型、水分管理、施肥方案等方面入手，以我国目前推广应用较好的地区作为案例，以期对其他地区建设该项目有所帮助。该书适合灌溉企业、肥料企业、农业技术推广部门、园林园艺、经济林业等部门的技术与管理人员及种植户阅读，也可作为各层次科技人员及科研院所相关人员参考用书。

本书由宋志伟、邓忠主编，孙发伟、杨首乐副主编，张兆欣、李平、海建平参加编写，由宋志伟教授进行通稿和审定。本书在编写过程中得到化学工业出版社、河南农业职业学院、中国农业科学院农田灌溉研究所、开封市能源站、濮阳市林业科学研究所等单位领导和有关人员的大力支持，在此表示感谢。本书在编写过程中参考引用了许多文献资料，在此谨向其作者深表谢意。

由于笔者水平有限，书中难免存在疏漏之处，敬请专家、同行和广大读者批评指正。

编者

2018 年 1 月

目 录
CONTENTS

第一章 水肥一体化技术简介

第一节
水肥一体化技术发展

水肥一体化技术是集节水灌溉和高效施肥于一体的现代农业生产综合水肥管理措施，具有显著的节水、节肥、省工、优质、高效、环保等优点，已广泛应用于果树生产上。

一、水肥一体化技术概述

我国是一个水资源匮乏的国家，人均淡水资源占有量为世界第109位，约为世界平均的 1/4，人均占用量仅为 2300 米^3，单位耕地灌溉用水只有 178 米^3/亩，而且在时空分布上极为不均匀，旱灾频繁，降水不均匀。同时，我国是化肥生产和使用大国，据国家统计局数据，2013 年化肥生产量 7037 万吨（折纯），农用化肥施用量 5912 万吨；由于施肥的不科学，我国的肥料利用率不高，据2005 年以来全国 11788 个"3414"试验数据表明，现阶段我国果树氮肥利用率不足 30%，距一般发达国家的氮肥利用率 40%～60% 的水平有很大差距，而磷肥、钾肥等肥料利用率与发达国家的差距更大。2015 年农业部制定了《到 2020 年化肥使用量零增长行动方案》，力争到 2020 年，主要农作物化肥使用量实现零增长，盲目施肥和过量施肥现象基本得到遏制，传统施肥方式得到改变。其中，水肥一体化技术推广面积 1.5 亿亩、增加 8000 万亩。从 2015 年起，主要农作物肥料利用率平均每年提升 1 个百分点以上，力争到 2020 年，主要农作物肥料利用率达到 40% 以上。因此，寻求最佳的水肥管理措施，提高水肥资源利用率，对于解决目前资源短缺、提高资源利用率意义重大，也是发展现代农业、促进农业生产可持续发展的重要保障。

水分和养分的合理调节与平衡供应是作物增产的最关键因子，然而传统的灌溉和施肥是分开进行的。从施肥来看，传统的施肥方法如撒施、集中施、分层施用、叶面施用等肥料利用率都很低；从灌水来看，传统的方式是大水漫灌、沟灌等，水分利用效率也较低。在水肥的供给作物生长过程中，最有效的供应方式是如何实现水肥同步供给，充分发挥两者的相互作用，在供给作物水分的同时最大限度地发挥肥料的作用，实现水肥同步供应，即水肥一体化技术。

水肥一体化技术也称为灌溉施肥技术，是将灌溉与施肥融为一体的农业新技术，是精确施肥与精确灌溉相结合的产物。它是借助压力系统（或地形自然落差），根据土壤养分含量和作物种类的需肥规律及特点，将可溶性固体或液体肥料配制成的肥液，与灌溉水一起，通过可控管道系统均匀、准确地输送到作物根部土壤，浸润作物根系发育生长区域，使主根根系土壤始终保持疏松和适宜的含水量。通俗地讲，就是将肥料溶于灌溉水中，通过管道在浇水的同时施肥，将水和肥料均匀、准确地输送到作物根部土壤（图 1-1）。

水肥一体化技术在国外有一定的特定词描述，叫"Fertigation"，是"Fertilization（施肥）的 Ferti"和"Irrigation（灌溉）的 gation"组合而成，意为灌溉和施肥结合的一种技术。国内根据英文字意翻译成"水肥一体化""灌溉施肥""加肥灌溉""水肥耦合""随水施肥""管道施肥""肥水灌溉""肥水同灌"等多种叫法，"水肥一体化技术"目前广泛被接受。针对具体灌水方式，又可称或分为水渠灌溉、管道灌溉、喷灌、微喷灌、泵加压滴灌、重力滴灌、渗灌等

图 1-1　果树水肥一体化技术应用

形式。水渠灌溉最为简单，对肥料要求不高，但这种水渠灌溉不利于节水；微喷灌、滴灌是根据作物需水、需肥量和根系分布进行最精确的供水、供肥，不受风力等外部条件限制；喷灌相对来说没有滴灌施肥适应性广。故狭义的水肥一体化技术也称滴灌施肥或微喷灌施肥。

二、水肥一体化技术发展概况

1. 国外水肥一体化技术的发展历史

水肥一体化技术是人类智慧的结晶，是生产力不断发展的产物，它的发展经历了很长的历史，水肥一体化技术起源于无土栽培技术。早在 18 世纪，英国科学家 John Woodward 利用土壤提取液配制了第一份水培营养液。后来水肥一体化技术经过了 3 个阶段的发展。

（1）营养液栽培技术阶段　1859 年，德国著名科学家 Sachs 和 Knop，提出了使植物生长良好的第一个营养液的标准配方，并用此营养液培养植物，该营养液直到今天还在使用。之后，营养液栽培的含义扩大了，在充满营养液的砂、砾石、蛭石、珍珠岩、稻壳、炉渣、岩棉、蔗渣等非天然土壤基质材料做成的种植床上种植植物均称为营养液栽培，因其不用土壤，故称无土栽培。1920 年，营养液的制备达到标准化，但这些都是在实验室内进行的试验，尚未应用于生产。1929 年，美国加利福尼亚大学的 W. F. Gericke 教授，利用营养液成功地培育出一株高 7.5 米的番茄，采收果实 14 千克，引起了人们极大的关注。被认为是无土栽培技术由试验转向实用化的开端，作物栽培终于摆脱自然土壤的束缚，可进入工厂化生产。

（2）无土栽培技术阶段　19 世纪中期到 20 世纪中期无土栽培商业化生产，水肥一体化技术初步形成。第二次世界大战加速了无土栽培的发展，为了给美军提供大量的新鲜蔬菜，美国在各个军事基地建立了大型的无土栽培农场。无土栽培技术日臻成熟，并逐渐商业化。无土栽培的商业化生产开始于荷兰、意大利、英国、德国、法国、西班牙、以色列等国家。之后，墨西哥、科威特及中美洲、南美洲、撒哈拉沙漠等土地贫瘠、水资源稀少的地区也开始推广无土栽培技术。

（3）水肥一体化技术成熟阶段　20 世纪中期至今是水肥一体化技术快速发展的阶段。20 世纪 50 年代，以色列内盖夫沙漠中哈特泽里姆基布兹的农民偶然发现水管渗漏处的庄稼长得格外好，后来经过试验证明，滴渗灌溉是减少蒸发、高效灌溉及控制水肥、农药最有效的方法。随后以色列政府大力支持实施滴灌，1964 年成立了著名的耐特菲姆公司。以色列从落后农业国实现向现代工业国的迈进，主要得益于滴灌技术。与喷灌和沟灌相比，以色列应用滴灌技术以来，全国农业用水量没有增加，农业产出却较之前翻了 5 番。

耐特菲姆公司生产的第一代滴灌系统设备是用一流量计量仪控制塑料管子中的单向水流，第二代产品是引用了高压设备控制水流，第三、四代产品开始配合计算机使用。自 20 世纪 60 年代以来，以色列开始普及水肥一体化技术，全国 43 万公顷耕地中大约有 20 万公顷应用加压灌溉系统。由于管道和滴灌技术的成功，全国灌溉面积从 16.5 亿平方米增加到 22 亿～25 亿平方米，耕地从 16.5 亿平方米增加到 44 亿平方米。据称以色列的滴灌技术已经发展到第六代。果树、花卉和温室作物都是采用水肥一体化灌溉施肥技术，而大田蔬菜和大田作物有些是全部利用水肥一体化灌溉施肥技术，有些只是一定程度上应用，这取决于土壤本身的肥力和基肥应用科学。在喷灌、微喷灌等微灌系统中，水肥一体化技术对作物也有很显著的作用。随着喷灌系统由移动式转为固定式，水肥一体化技术也被应用到喷灌系统中。20 世纪 80 年代初期，水肥一体化技术应用到自动推进机械灌溉系统中。

2. 我国水肥一体化技术的发展概况

我国农业灌溉有着悠久的历史，但是大多采用大水漫灌和串畦淹灌的传统灌溉方法，水资源的利用率低，不仅浪费了大量的水资源，同时作物的产量提高的也不明显。我国的水肥一体化技术的发展始于 1974 年。近 30 年来，随着微灌技术的推广应用，水肥一体化技术不断发展，大体经历了以下 3 个阶段。

第一阶段（1974—1980 年）：引进滴灌设备，并进行国产设备研制与生产，开展微灌应用试验。1980 年我国第一代成套滴灌设备研制生产成功。

第二阶段（1981—1996 年）：引进国外先进工艺技术，国产设备规模化生产基础逐渐形成。微灌技术由应用试点到较大面积推广，微灌试验研究取得了丰硕成果，在部分微灌试验研究中开始进行灌溉施肥内容的研究。

第三阶段（1996 年至今）：灌溉施肥的理论及应用技术日趋被重视，技术研讨和技术培训大量开展，水肥一体化技术大面积推广。

自 20 世纪 90 年代中期以来，我国微灌技术和水肥一体化技术迅速推广。水肥一体化技术已经由过去局部试验示范发展为大面积推广应用，辐射范围由华北地区扩大到西北干旱区、东北寒温带和华南亚热带地区，覆盖了设施栽培、无土栽培，以及蔬菜、花卉、苗木、大田经济作物等多种栽培模式和作物。在经济发达地区，水肥一体化技术水平日益提高，涌现了一批设备配置精良、专家系统智能自动控制的大型示范工程。部分地区因地制宜实施的山区滴灌施肥、西北半干旱和干旱区协调配置日光温室集雨灌溉系统、窖水滴灌、瓜类栽培吊瓶滴灌施肥、华南地区利用灌溉注入有机肥液等技术形式使灌溉施肥技术日趋丰富和完善。

灌溉施肥应用与理论研究逐渐深入，由过去侧重土壤水分状况、节水和增产效益试验研究，逐渐发展到灌溉施肥条件下水肥结合效应、对作物生理和产品品质影响、养分在土壤中运移规律等方面的研究。由单纯注重灌溉技术、灌溉制度逐渐发展到对灌溉与施肥的综合运用技术的研究。我国水肥一体化技术总体水平，已从20世纪80年代初级阶段发展和提高到中级阶段。其中，部分微灌设备产品性能、大型现代温室装备和自动化控制已基本达到目前国际先进水平。微灌工程的设计理论及方法已接近世界先进水平，微灌设备产品和微灌工程技术规范，特别是条款的逻辑性、严谨性和可操作性等方面，已跃居世界领先水平。1982年我国加入国际灌排委员会，并成为世界微灌组织成员之一，我国加强国际技术交流，重视微灌技术管理、微灌工程规划设计等的培训，培养了一大批水肥一体化技术推广管理及工程设计骨干和高学位人才。

但是，从技术应用的角度分析，我国水肥一体化技术推广缓慢。首先，只关注了节水灌溉设备，水肥结合理论与应用研究成果较少；其次，我国灌溉施肥系统管理水平较低，培训宣传不到位，基层农技人员和农民对水肥一体化技术的应用不精通；再次，应用水肥一体化技术面积所占比例小，深度不够；最后，某些微灌设备产品，特别是首部配套设备的质量与国外同类先进产品相比仍存在着较大差距。

第二节
水肥一体化技术特点

"有收无收在于水""收多收少在于肥"，这两名农谚精辟地阐述了水和肥在种植业中的重要性及其相互关系。水肥一体化技术从传统的"浇土壤"改为"浇作物",是一项集成的高效节水、节肥技术,不仅节约水资源,而且提高肥料利用率。应用水肥一体化技术,可根据不同作物的需肥特点、土壤环境、养分含量状况以及不同生长期的需水量,进行全生育期需求设计,把水分和养分定时、定量,按比例直接提供给作物,可以方便地控制灌溉时间、肥料用量、养分浓度和营养元素间的比例。水肥一体化技术的大面积推广应用成功,带给我国农业乃至世界农业的将是一个大大的"惊叹号"。

一、水肥一体化技术优点

水肥一体化技术与传统地面灌溉和施肥方法相比,具有以下优点。

1. 节水效果明显

水肥一体化技术可减少水分的下渗和蒸发,提高水分利用率。传统的灌溉方式,水分利用率只有 45% 左右,灌溉用水的一半以上流失或浪费了,而喷灌的水分利用率约为 75%,滴灌的水分利用率可达 95%。在露天条件下,微灌施肥与大水漫灌相比,节水率达 50% 左右。保护地栽培条件下,滴灌与畦灌相比,每亩大棚一季节水 $80\sim120$ 米^3,节水率为 30%$\sim$40%。

2. 节肥增产效果显著

利用水肥一体化技术可以方便地控制灌溉时间、肥料用量、养分浓度和营养元素间的比例,实现了平衡施肥和集中施肥。与常规施肥相比,水肥一体化的肥料用量是可量化的,作物需要多少施多少,同时将肥料直接施于作物根部,既加快了作物吸收养分的速度,又减少了挥发、淋失所造成的养分损失。水肥一体化技术具有施肥简便、施肥均匀、供肥及时、作物易于吸收、提高肥料利用率等优点。据调查,常规施肥肥料利用率只有 30%$\sim$40%,滴灌施肥的肥料利用率达 80% 以上。在田间滴灌施肥系统下种植果树,氮肥利用率可达 90％ 以上、磷肥利用率达到 70％、钾肥利用率达到 95％。肥料利用率的提高意味着施肥量减少，从而节省了肥料，在作物产量相近或相同的情况下，水肥一体化技术与常规施肥技术相比可节省化肥 30％～50％，并增产 10％ 以上。

3. 减轻病虫草害发生

水肥一体化技术有效地减少了灌水量和水分蒸发提高土壤养分有效性，促进根系对营养的吸收储备，还可降低了土壤湿度和空气湿度，抑制了病菌、害虫的产生、繁殖和传播，并抑制杂草生长，在很大程度上减少了病虫草害的发生，因此，也减少了农药的投入和防治病虫草害的劳力投入，与常规施肥相比利用水肥一体化技术每亩农药用量可减少 15％～30％。

4. 降低生产成本

水肥一体化技术是管网供水，操作方便，便于自动控制，减少了人工开沟、撒肥等过程，因而可明显节省施肥劳力；灌溉是局部灌溉，大部分地表保持干燥，减少了杂草的生长，也就减少了用于除草的劳动力；由于水肥一体化可减少病虫害的发生，减少了用于防治病虫害、喷药等的劳动力；水肥一体化技术实现了种地无沟、无渠、无埂，大大减轻了水利建设的工程量。

5. 改善作物品质

水肥一体化技术适时、适量地供给作物不同生育期生长所需的养分和水分，明显改善作物的生长环境条件，因此，可促进作物增产，提高农产品的外观品质和营养品质。应用水肥一体化技术种植的作物，生长整齐一致，定植后生长恢复快、提早收获、收获期长、丰产优质、对环境气象变化适应性强。通过水肥的控制可以根据市场需求提早供应市场或延长供应市场。

6. 便于农作管理

水肥一体化技术只湿润作物根区，其行间空地保持干燥，因而即使是灌溉的同时，也可以进行其他农事活动，减少了灌溉与其他农作的相互影响。

7. 改善土壤微生态环境

采用水肥一体化技术可明显降低大棚内空气湿度和棚内温度外不定期可以增强微生物活性，滴灌施肥与常规畦灌施肥技术相比地温可提高2.7℃。有利于增强土壤微生物活性，促进作物对养分的吸收；有利于改善土壤物理性质，滴灌施肥克服了因灌溉造成的土壤板结，土壤容重降低，孔隙度增加，有效地调控土壤根系的水渍化、盐渍化、土传病害等障碍。水肥一体化技术可严格控制灌溉用水量、化肥施用量、施肥时间，不破坏土壤结构，防止化肥和农药淋洗到深层土壤，造成土壤和地下水的污染，同时可将硝酸盐产生的农业面源污染降到最低程度。

8. 便于精确施肥和标准化栽培

水肥一体化技术可根据作物营养规律有针对性地施肥，做到缺什么补什么，实现精确施肥；可以根据灌溉的流量和时间，准确计算单位面积所用的肥料数量。微量元素通常应用螯合态，价格昂贵，而通过水肥一体化可以做到精确供应，提高肥料利用率，降低微量元素肥料施用成本。水肥一体化技术的采用有利于实现标准化栽培，是现代农业中的一项重要技术措施。在一些地区的作物标准化栽培手册中，已将水肥一体化技术作为标准措施推广应用。

9. 适应恶劣环境和多种作物

采用水肥一体化技术可以使作物在恶劣土壤环境下正常生长，如沙丘或沙地，因持水能力差，水分基本没有横向扩散，传统的灌水容易深层渗漏，作物难以生长；采用水肥一体化技术，可以保证作物在这些条件下正常生长。如以色列南部沙漠地带已广泛应用水肥一体化技术生产甜椒、番茄、花卉等，成为欧洲著名的"菜篮子"和鲜花供应基地。此外，利用水肥一体化技术可以在土层薄、贫瘠、含有惰性介质的土壤上种植作物并获得最大的增产潜力，能够有效地利用开发丘陵地、山地、砂石、轻度盐碱地等边缘土地。

目前水肥一体化技术在我国主要应用的果树有苹果、梨、桃、葡萄、柑橘、荔枝、香蕉、菠萝、西瓜、草莓等。

二、水肥一体化技术缺点

水肥一体化技术是一项新兴技术，而且我国土地类型多样化，各地农业生产发展水平、土壤结构及养分间有很大的差别，用于灌溉施肥的化肥种类参差不一，因此，水肥一体化技术在实施过程中还存在如下诸多缺点：

1. 引起堵塞，技术要求高

灌水器的堵塞是当前水肥一体化技术应用中最主要的问题，也是目前必须解决的关键问题。引起堵塞的原因有化学因素、物理因素，有时生物因素也会引起堵塞。如在南方一些井水灌溉的地方，水中的铁质诱发的铁细菌也会堵塞滴头；藻类植物、浮游动物也是堵塞物的来源，严重时会使整个系统无法正常工作，甚至报废。因此，灌溉时水质要求较严，一般均应经过过滤，必要时还需经过沉淀和化学处理。用于灌溉系统的肥料应详细了解其溶解度等物理、化学性质，对不同类型的肥料应有选择地施用。在系统安装、检修过程中，若采取的方法不当，管道屑、锯末或其他杂质可能会从不同途径进入管网系统引起堵塞。对于这种堵塞，首先要加强管理，在安装、检修后应及时用清水冲洗管网系统，同时要加强过滤设备的维护。

2. 引起盐分积累，污染灌溉水源

当在含盐量高的土壤上进行滴灌或是利用咸水灌溉时，盐分会积累在湿润区的边缘，如遇到小雨，这些盐分可能会被冲到作物根际区域而引起盐害，这时应继续进行灌溉，但在雨量充沛的地区，雨水可以淋洗盐分。在没有充分冲洗条件的地方或是秋季无充足降雨的地方，则不要在高含盐量的土壤上进行灌溉或利用咸水灌溉。施肥设备与供水管道连通后，若发生特殊情况，如事故、停电等，系统内会出现回流现象，这时肥液可能被带到水源处。另外，当饮用水与灌溉水用同一主管网时，如无适当措施，肥液可能进入饮用

水管道，造成对水源污染。

3. 限制根系发展，降低作物抵御风灾能力

由于灌溉施肥技术只湿润部分土壤，加之果树的根系有向水性，对于多年生果树来说，滴头位置附近根系密度增加，而非湿润区根系因得不到充足的水分供应其生长会受到一定程度的影响，少灌、勤灌的灌水方式会导致果树根系分布变浅，在风力较大的地区可能产生拔根危害。

4. 工程造价高，维护成本高

与地面灌溉相比，滴灌一次性投资和运行费用相对较高，其投资与作物种植密度和自动化程度有关，作物种植密度越大投资就越大，反之越小。根据测算，果树采用水肥一体化技术每亩投资在1000～1500元，而设施果树水肥一体化的投资比大田更高。使用自动控制设备会明显增加资金的投入，但是可降低运行管理费用，减少劳动力的成本，选用时可根据实际情况而定。

第三节
水肥一体化技术各种系统特点

水肥一体化技术是借助于灌溉系统实现的。要合理地控制施肥的数量和浓度，必须选择合适的灌溉设备和施肥器械。常用的设施灌溉有喷灌、微喷灌和滴灌，微喷灌和滴灌简称微灌。果树生产上应用喷灌较少，主要是微喷灌和滴灌。

一、滴灌技术特点

滴灌是指按照作物需求，将具有一定压力的水过滤后经管网和出水通道（滴灌带）或滴头以水滴的形式缓慢而均匀地滴入植物根部附近土壤的一种灌水技术。滴灌适应于黏土、沙壤土、轻壤土等，也适应各种复杂地形。

1. 滴灌的优点

相对于地面灌溉和喷灌，滴灌具有以下优点。

（1）提高水分利用效率　滴灌可根据作物的需要精确地进行灌溉，一般比地面灌溉节约用水 30%～50%，有些作物可达 80% 左右，比喷灌省水 10%～20%。

（2）提高肥料利用率　滴灌系统可以在灌水的同时进行施肥，而且可根据作物的需肥规律与土壤养分状况进行精确施肥和平衡施肥，同时滴灌施肥能够直接将肥液输送至作物主要根系活动层范围内，作物吸收养分快又不产生淋洗损失，减少对地下水的污染。因此滴灌系统不仅能够提高作物产量，而且可以大大减少施肥量，提高肥效。

（3）易于实现自动化　滴灌系统比其他任何灌溉系统更便于实现自动化控制。滴灌在经济价值高的经济作物区或劳力紧张的地区实现自动化提高设备利用率，大大节省劳动力，减少操作管理费用，同时可更有效地控制灌溉、施肥数量，减少水肥浪费。

（4）节省能源，减少投资　滴灌系统为低压灌水系统，不需要太高的压力，比喷灌更易实现自压灌溉，而且滴灌系统流量小，降低了泵站的能耗，减少了运行费用。其次，滴灌系统采用管道的管径也较喷灌和微喷灌小，要求工作压力低，管道投资相对较低。

（5）对地形适应能力强　由于滴灌毛管比较柔软，而且滴头有较长的流道或压力补偿装置，对压力变化的灵敏性较小，可以安装在有一定坡度的坡地上，微小地形起伏不会影响其灌水的均匀性，特别适用于山丘坡地等地形条件较复杂的地区。

（6）可开发边际水土资源　沙漠、戈壁、盐碱地、荒山荒丘等均可以利用滴灌技术进行种植业开发，滴灌系统也可以利用经处理的污水和微咸水灌溉。

（7）与覆膜结合，提高栽培标准化　覆膜栽培有提高地温、减少杂草生长、防止地表盐分累积、减少病害等诸多优点。但覆膜后灌溉和施肥无法合理解决，滴灌是解决这一问题的最佳方法。膜下滴灌已成为一些地区一些作物的标准栽培方法，已得到大面积推广。

2. 滴灌的局限性

但滴灌也存在以下局限性。

（1）滴头堵塞　滴灌在使用过程中如管理不当，极易引起滴头的堵塞，滴头堵塞主要是由悬浮物（沙和淤泥）、不溶解盐（主要是碳酸盐）、铁锈、其他氧化物和有机物（微生物）引起。滴头堵塞主要影响灌水的均匀性，堵塞严重时可使整个系统报废。但只要系统规划设计合理，正确使用过滤器，就可以大大减少或避免由于堵塞对系统的危害。

（2）盐分积累　在干旱地区采用含盐量较高的水灌溉时，盐分会在滴头湿润区域周边产生积累。这些盐分易于被淋洗到作物根系区域，当种子在高深度盐分区域发芽时，会带来不良后果。但在我国南方地区，因降雨量大，对土壤盐分的淋洗效果良好，能有效阻止高浓度盐分积累区的形成。

（3）影响作物根系分布　对于多年生果树来说，少灌、勤灌的灌水方式会导致树木根系分布变浅，在风力较大的地区可能产生拔根危害。

（4）投资相对较高　与地面灌溉相比，滴灌一次性投资和运行费用相对较高，其投资与作物种植密度、种植自动化程度有关，作物种植密度越大，则投资越高；反之，越小。自动化控制增加了投资，但可降低运行管理费用，选用时要根据实际情况而定。

二、微喷灌技术特点

微喷灌也称微型喷洒灌溉，简称微喷，是指利用折射式、辐射式或旋转式微型喷头将水喷洒在作物叶面或作物根系的一种灌水技术。微喷灌不仅与地面灌溉相比具有很多优点，而且在某些方面还有喷灌和滴灌不及之处。

1. 微喷灌的优点

微喷灌具有以下优点。

（1）水分利用率高，增产效果好　微喷灌也属于局部灌溉，因而实际灌溉面积要小于地面灌溉，减少了灌水量，同时微喷灌具有较大的灌水均匀度，不会造成局部的渗漏损失，且灌水量和灌水深度容易控制，可根据作物不同生长期需求规律和土壤含水量状况适时灌水，提高水分利用率，管理较好的微喷灌系统比喷灌系统用水可减少 20%～30%。微喷灌还可以在灌水过程中进行喷施可溶性化肥、叶面肥和农药，具有显著的增产作用，尤其对一些对温度和湿度有特殊要求的作物增产效果更明显。

（2）灵活性大，使用方便　微喷灌的喷灌强度由单喷头控制，不受邻近喷头的影响，相邻的两微喷头间喷洒水量不相互叠加，这样可以在果树不同生长阶段通过更换喷嘴来改变喷洒直径和喷灌强度，以满足果树生长需水量。微喷头可移动性强，根据条件的变化可随时调整其工作位置，如树上、行间或株间等，在有些情况下微喷灌系统还可以与滴灌系统相互转化（图 1-2）。

图 1-2　果园微喷灌应用

（3）节省能源，减少投资　微喷头也属于低压灌溉，设计工作压力一般在 150～200 千帕之间，同时微喷灌系统流量要比喷灌小，因而对加压设施的要求要比喷灌小得多，可节省大量能源，发展自压灌溉对地势高差也比喷灌小。同时由于设计工作压力低，系统流量小，又可减少各级管道的管径，降低管材压力，使系统的总投资大大下降。

（4）调节田间小气候，易于自动化　由于微喷灌水滴雾化程度大，可有效增加近地面空气湿度，在炎热天气可有效降低田间温度，甚至还可将微喷头移至树冠上，以防止霜冻灾害等。另外，还可以容易实现自动化，节约劳力。

2. 微喷灌的局限性

表现在：第一，对水质要求较高。水中的悬浮物等容易造成微喷头的堵塞，因而要求对灌溉水进行过滤。第二，田间微喷灌易受杂草、作物茎秆的阻挡而影响喷洒质量。第三，灌水均匀度受风影响较大。在大于3级风的情况下，微喷水滴容易被风吹走，灌水均匀度降低，一般不宜进行灌水。因而微喷头的安装高度在满足灌水要求的情况下要尽可能低一些，以减少风对喷洒的影响。第四，在作物未封行前，微喷灌结合喷肥会造成杂草大量生长。

第四节
水肥一体化技术系统组成

果树水肥一体化技术系统主要有微灌系统。微灌就是利用专门的灌水设备（滴头、微喷头、渗灌管和微管等），将有压水流变成细小的水流或水滴，湿润作物根部附近土壤的灌水方法。因其灌水器的流量小而称之为微灌，主要包括滴灌、微喷灌、脉冲微喷灌、渗灌等。目前生产实践中应用广泛且具有比较完整理论体系的主要是滴灌和微喷灌技术。

一、微灌系统的组成

微灌系统主要由水源工程、首部枢纽工程、输配水管网、灌水器 4 部分组成（图 1-3）。

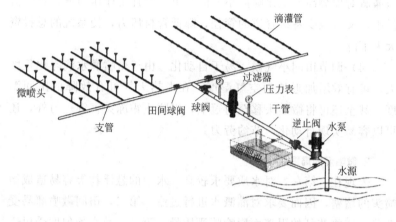

图 1-3 微灌系统组成示意图

1. 水源工程

在生产中可能的水源有河流水、湖泊、水库水、塘堰水、沟渠水、泉水、井水、水窖水等，只要水质符合要求，均可作为微灌的水源，但这些水源经常不能被微灌工程直接利用，或流量不能满足微灌用水量要求，此时需要根据具体情况修建一些相应的引水、蓄水或提水工程，统称为水源工程。

2. 首部枢纽工程

首部枢纽是整个微灌系统的驱动、检测和控制中枢，主要由水泵及动力机、过滤器等水质净化设备、施肥装置、控制阀门、进排气阀、压力表、流量计等设备组成。其作用是从水源中取水经加压过滤后输送到输水管网中去，并通过压力表、流量计等量测设备监测系统运行情况。

3. 输配水管网

输配水管网的作用是将首部枢纽处理过的水按照要求输送分配到每个灌水单元和灌水器。包括干、支管和毛管三级管道。毛管是微灌系统末级管道，其上安装或连接灌水器。

4. 灌水器

灌水器是微灌系统中的最关键的部件，是直接向作物灌水的设备，其作用是消减压力，将水流变为水滴、细流或喷洒状施入土壤，主要有滴头、滴灌带、微喷头、渗灌滴头、渗灌管等。微灌系统的灌水器大多数用塑料注塑成型。

二、微灌系统的分类

1. 根据输配水管道是否移动及毛管在田间的布置方式分类

可以将微灌系统分为地面固定式微灌系统、地下固定式微灌系统、移动式微灌系统和间歇式微灌系统4种形式。

（1）地面固定式微灌系统　毛管布置在地面，干管、支管埋入地下，在整个灌水季节首部枢纽固定不动，毛管和灌水器也不移动的系统称为地面固定式微灌系统。这种系统主要用于灌水次数频繁、行距较宽、经济价值较高的果园。地面固定式微灌系统一般使用流量为4~8升/小时的单出水口滴头或流量为2~8升/小时的多出水口滴头，也可以用微喷头。这种系统的优点是安装、拆卸、清洗毛管和灌水器比较方便，易于管理和维修，便于检查土壤湿润和测量滴头流量变化的情况，也易于实现自动化。缺点是毛管和灌水器容易损坏和老化，还会影响到其他农事作业，设备的利用率也较低。在丘陵山区，地面坡度陡，地形复杂的地区一般安装固定式微灌系统。

（2）地下固定式微灌系统　近年来，随着微灌技术的改进和提高，微灌的堵塞现象减少，采用了将毛管和灌水器（主要是使用滴头）或渗灌管全部埋入地下的系统。与地面固定式系统相比，地下微灌系统的优点是免除了毛管在作物种植和收获前后安装和拆卸的工作，不影响其他农事作业，延长了设备的使用寿命。缺点是不能检查土壤湿润和灌水器堵塞情况，设备利用率低，一次投资较高。

（3）移动式微灌系统　按移动毛管的方式不同，移动式微灌系统可分为机械移动和手工移动两种。与固定式微灌系统相比，移动式微灌系统节省了大量毛管和滴头或微喷头，从而降低了微灌工程的投资，缺点是需要劳力多。

（4）间歇式微灌系统　间歇式微灌系统又称脉冲式微灌系统。工作方式是系统每隔一定时间灌水一次，灌水器的流量比普通的流量大 4～10 倍。间歇式微灌系统使用的灌水器孔口较大，减少了堵塞，而且间隔灌水避免了地面径流的产生和深层渗漏损失。缺点是灌水器制造工艺要求较高。

2. 根据灌水器的不同分类

可将微灌系统分为微喷灌、滴灌、涌泉灌溉和渗灌 4 种形式。

（1）微喷灌　微喷灌是通过低压管道将有压水流输送到田间，再通过直接安装在毛管上或与毛管连接的微喷头或微喷带将灌溉水喷洒在土壤表面的一种灌溉方式（图 1-4）。灌水时水流以较大的流速由微喷头喷出，在空气阻力的作用下粉碎成细小的水滴降落在地面或作物叶面，其雾化程度比喷灌要大，流量比喷灌小，比滴灌大，介于喷灌与滴灌之间。

图 1-4　柑橘微喷灌应用

我国应用微喷灌的历史较短，主要灌溉对象是果树、蔬菜、花卉和草坪，在温室育苗及木耳、蘑菇等菌类种植中也适合采用微喷灌技术。实践表明，微喷灌技术在果树灌溉中，具有其他灌溉方式所不具备的优点，综合效益显著，其雾化程度高，灌水速率小的特点。

（2）滴灌　滴灌由于滴头流量小，水分缓慢渗入土壤，因而在滴灌条件下，除紧靠滴头下面的土壤水分处于饱和状态外，其他部位均处于非饱和状态，土壤水分主要借助毛管张力作用入渗和扩散，若灌水时间控制得好，基本没有下渗损失，而且滴灌时土壤表面湿润面积小，有效减少了蒸发损失，节水效果非常明显。可采用滴灌进行灌溉的作物种类很多，如葡萄、桃、梨、香蕉、苹果、草莓、板栗、柑橘、荔枝、龙眼等果树。滴灌技术发展到现在，已不仅仅是一种高效灌水技术，它与其他施肥、覆膜等农技措施相结合，已成为一种现代化的综合栽培技术（图1-5）。

图1-5　葡萄园滴灌

（3）涌泉灌溉　涌泉灌溉是通过安装在毛管上的涌水器形成的小股水流，以涌泉方式湿润作物附近土壤的一种灌水形式，也称为小管出流灌溉。涌泉灌溉的流量比滴灌和微喷灌大，一般都超过土壤的入渗速度。为了防止产生地面径流，需要在涌水器附近挖一小水坑或渗水沟以分散水流。涌泉灌溉尤其适合于果园和植树造林林木的灌溉（图1-6）。

图1-6　果树涌泉灌溉

（4）渗灌　渗灌技术是继喷灌、滴灌之后的又一节水灌溉技术。渗灌是一种地下微灌形式，是在低压条件下，通过埋于作物根系活动层的灌水器（微孔渗灌管），根据作物的生长需水量定时定量地向土壤中渗水供给作物。渗灌系统全部采用管道输水，灌溉水是通过渗灌管直接供给作物根部，地表及作物叶面均保持干燥，作物棵间蒸发减至最小，计划湿润层土壤含水率均低于饱和含水率，因此，渗灌技术水的利用率是目前所有灌溉技术中最高的。渗灌主要适用于地下水较深、地下水及土壤含盐量较低，灌溉水质较好、湿润土层透水性适中的地区（图1-7）。

渗灌技术的优点在于：地表不见水、土壤不板结、土壤透气性好、改善生态环境、节约肥料、系统投资低等。统计资料表明，渗灌水的田间利用率可达95%，渗灌比漫灌节水75%、比喷灌节水25%。但缺点是毛管容易堵塞，且易受植物根系的影响，植物根系

图 1-7　微孔渗灌

具有很强的穿透力，尤其是植物根系具有趋水性，即根系的生长会朝水分条件较好的方向伸展，因而随着时间的延续，植物根系会在渗灌毛管附近更密集，且有些植物根系会钻进渗灌管的毛细孔内破坏毛管。在地下害虫猖獗的地区，害虫（如金龟子、天牛等）会咬破毛管，导致大面积漏水，最后使系统无法运行。渗灌技术在我国部分地区的应用已体现出的它的优势，具有较好推广应用价值，但在技术上还有很多方面需要研究与探索。

第五节
水肥一体化技术应用前景

水肥一体化具有鲜明的有点，也具有一定的缺点，但水肥一体化技术是将施肥与微灌结合起来并使水、肥得到同步控制的一项技术，它利用灌溉设施将作物所需的养分、水分以最精确的用量供给，以此更好地节约水资源。因而，水肥一体化技术必将得到国家的大力扶植和推广，发展前景十分广阔。

一、推广水肥一体化技术的必要性

1. 我国水资源匮乏且分布不均

我国水资源总量居世界第六位，人均占有量更低，而且分布不均匀，水土资源不相匹配，淮河流域及其以北地区国土面积占全国的63.5%，水资源量却仅占全国的19%。平原地区地下水储存量减少，降落漏斗面积不断扩大，我国可耕种的土地面积越来越少。在可耕种的土地中有43%的土地是灌溉耕地，也就是说靠自然降水的耕地达57%，但是我国雨水的季节性分布不均，大部分地区年内夏秋季节连续4个月降水量占全年的70%以上，连续丰水或连续枯水年较为常见，旱灾发生率很高。再加上我国农业用水比较粗放，耗水量大，灌溉水有效利用系数仅为0.5左右。水资源缺乏，农业用水效率低不仅制约着现代农业的发展，也限制着经济社会的发展，因此，有必要大力发展节水技术，水肥一体化技术可有效地节约灌溉用水，如果利用合理可大大缓解我国的水资源匮乏的压力。

2. 化肥的过度施用

我国是世界化肥消耗大国，不足世界10%的耕地却施用了世界化肥总施用量的1/3。化肥泛滥施用而利用率低，全国各地的耕地均有不同程度的次生盐渍化现象。长期大量施用化肥千万农田中的氮、磷向水体转移，造成地表水污染，使水体富营养化。肥料的利用率是衡量肥料发挥效益的一个重要的参数。研究发现，我国的氮肥当季利用率只有30%～40%，磷肥的当季利用率为10%～25%，钾肥的当季利用率为45%左右，这不仅造成严重的资源浪费，还会引发农田及水环境的污染问题。化肥泛滥施用造成了严重的土壤污染、水体污染、大气污染、食品污染。因此，长期施用化肥促进作物增产的同时，也给农业生产的可持续发展带来了挑战。而水肥一体化技术的肥料利用率达80%以上，如在田间滴灌施肥系统下种植果树，氮肥利用率可达80%以上、磷肥利用率达到

60％、钾肥利用率达到90％。

3. 劳动力成本高

我国劳动力匮乏且劳动力价格越来越高，使水肥一体化技术节省劳动力的优点更加突出。目前，年轻人种地的越来越少，进城做工的越来越多，这导致劳动力群体结构极为不合理，年龄断层严重。在现有的农业生产中，真正在生产一线从事劳动的年龄大部分在40岁以上，在若干年以后，这部分人没有能力干活了将很难有人来替代他们工作。劳动力短缺致使劳动力价格高涨，现在的劳动力价格是5年前的2倍甚至更高，单凭传统的灌溉、施肥技术，农民光劳动力成本就很难承担。

通过以上因素的分析，让我们看到了水肥一体化技术在我国发展、推广的必要性和重大意义。水肥一体化技术这种"现代集约化灌溉施肥技术"是应时代之需，是我国传统的"精耕细作"农业向"集约化农业"转型的必要产物。它的应用和推广有利于从根本上改变传统的农业用水方式，提高水分利用率和肥料利用率；有利于改变农业的生产方式，提高农业综合生产能力；有利于从根本上改变传统农业结构，大力促进生态环境保护和建设。

二、水肥一体化技术推广应用存在的问题

目前一些发达国家水肥一体化应用比例较高，其中像以色列这样的缺水国家，更是将水肥一体化技术发挥到极致，他们水肥一体化应用比例高达90％以上。在美国32％的果树也都采用了水肥一体化技术。近年来，我国水肥一体化技术发展迅速，已逐步由棉花、果树、蔬菜等经济作物扩展到小麦、玉米、马铃薯等粮食作物，每年推广应用面积3000多万亩。但与发达国家相比，我国水肥一体化技术推广和应用水平差距还比较大。主要原因有如下。

1. 我国设施灌溉技术的推广应用还处于起步阶段

设施灌溉面积不足总灌溉面积的3％，与经济发达国家相比存

在巨大差异，在设施灌溉的有限面积中，大部分没有考虑通过灌溉系统施肥。即使在最适宜用灌溉施肥技术的设施栽培中，灌溉施肥面积也仅占20%左右，水肥一体化技术的经济和社会效益尚未得到足够重视。

2. 灌溉技术和施肥技术脱离

由于管理体制所造成的水利与农业部门的分割，使技术推广中灌溉技术与施肥技术脱离，缺乏行业间的协作和交流。懂灌溉的不懂农艺、不懂施肥，而懂得施肥的又不懂灌溉设计和应用。目前灌溉施肥面积仅占微灌总面积的30%，远远落后于以色列的90%、美国的65%。

3. 灌溉施肥工程管理水平低

目前我国节水农业中存在着"重硬件（设备）、轻软件（管理）"问题。特别是政府投资的节水示范项目，花费很多资金购买先进设备，但建好后由于缺乏科学管理或权责利不明而不能发挥应有的示范作用。灌溉制度和施肥方案的执行受人为因素影响巨大，除了装备先进的大型温室和科技示范园外，大部分的灌溉施肥工程并没有采用科学方法对土壤水分和养分含量、作物营养状况实施即时检测，多数情况下还是依据人为经验进行管理，特别是施肥方面存在很大的随意性，系统操作不规范，设备保养差，运行年限短。

4. 生产技术装备落后，技术研发与培训不足

我国微灌设备目前依然存在微灌设备产品品种及规格少、材质差、加工粗糙、品位低等问题。其主要原因是设备研究与生产企业联系不紧密，企业生产规模小，专业化程度低。特别是施肥及配套设备产品品种规格少，形式比较单一，技术含量低；大型过滤器、大容积施肥罐、精密施肥设备等开发研究不足。由于灌溉施肥技术涉及农田水利、灌溉工程、作物、土壤、肥料等多门学科，需要综合知识，应用性很强。现有的农业从业人员的专业背景存在较大差异，农业研究与推广部门缺乏专业水肥一体化技术推广队伍，研究方面人力物力投入少，对农业技术推广人员和农民缺乏灌溉施肥专门的知识培训，同时也缺乏通俗易懂的教材和宣传资料。

5. 缺乏专业公司的参与

虽然在设备生产上我国已达到先进水平，国产设备可以满足市场需要，但技术服务公司非常少，而在水肥一体化技术普及的国家，则有许多公司提供灌溉施肥技术服务。水肥一体化技术是一项综合管理技术，不仅需要专业公司负责规划、设计、安装，还需要相关的技术培训、专用的肥料供应、农化服务等。

6. 投资成本高、产品价格低，成为技术推广的最大障碍

水肥一体化技术涉及多项成本：设备成本、水源工程、作物种类、地形与土壤条件、地理位置、系统规划设计、系统所覆盖的种植区域面积、肥料、施肥设备和施肥质量要求、设备公司利润、销售公司利润、安装公司利润等，投资相对比较大。而目前农产品价格较低，造成投资大、产出低，也成为水肥一体化技术推广的最大障碍，在目前情况下，主要用在经济效益好的作物上，如花卉、果树、设施蔬菜、茶叶等。

三、水肥一体化技术的发展方向

1. 水肥一体化技术向着科学化方向发展

水肥一体化技术向着精准农业、配方施肥的方向发展。我国幅员辽阔，各地农业生产发展水平、土壤结构及养分间有很大的差别。因此，在未来规划设计水肥一体化进程中，在选取配料前，应该根据不同作物种类、不同作物的生长期、不同土壤类型，分别采样化验得出土壤的肥力特性以及作物的需肥规律，从而有针对性地进行配方设计，选取合适的肥料进行灌溉施肥。

2. 水肥一体化技术将向信息化发展

信息化是当今世界经济和社会发展的大趋，也是我国产业优化升级和实现工业化、现代化的关键环节。在水肥一体化方面，我们不仅要将信息技术应用到生产、销售及服务过程中来降低服务成本，而且要在作物种植方面加大信息化发展。例如，水肥一体化自动化控制系统，可以利用埋在地下的湿度传感器传回土壤湿度的信息，以此来有针对性地调节灌溉水量和灌溉次数，使植物获得最佳需水量。还有的传感系统能通过监测植物的茎和果实的直径变化，来决定植物灌溉间隔。

3. 水肥一体化技术向着标准化方向发展

目前，市场上节水器材规格参差不齐，严重制约了我国节水事业的发展。因此，在未来的发展中，节水器材技术标准、技术规范和管理规程的编制，会不断形成并成为行业标准和国家标准，以规范节水器材生产，减少因为节水器材、技术规格不规范而引起的浪费，以此来提高节水器材的利用率。而且水肥一体化技术规范标准化也会逐渐形成。目前的水肥一体化技术，各个施肥环节标准没有形成统一，效率低下，因而在未来的滴灌水肥一体化进程中，应对设备选择、设备安装、栽培、施肥、灌溉制度等各个环节进行规范，以此形成技术标准，提高效率。

4. 水肥一体化技术向规模化、产业化方向发展

当前水肥一体化技术已经由过去局部试验示范发展为大面积推广应用，辐射范围由华北地区扩大到西北干旱区、东北寒温带和华南亚热带地区，覆盖了设施栽培、无土栽培、果树栽培，以及蔬菜、花卉、苗木、大田经济作物等多种栽培模式和作物。另外，水肥一体化技术的发展方向还表现在：节水器材及生产设备实现国产化，降低器材成本；解决废弃节水器材回收再利用问题，进一步降低成本；新型节水器材的研制与开发，发展实用性、普及性、低价位的塑料节水器材；完善的技术推广服务体系。

今后很长一段时间我国水肥一体化技术的市场潜力主要表现在以下几个方面：建立现代农业示范区，由政府出资引进先进的水肥一体化技术与设备作为生产示范，让农民效仿；休闲农业、观光果园等一批都市农业的兴起，将会进一步带动水肥一体化技术的应用和发展；商贸集团投资农业，进行规模化生产，建立特种农产品基

地，发展出口贸易、农产品加工或服务于城市的餐饮业等；改善城镇环境，公园、运动场、居民小区内草坪绿地的发展也是水肥一体化设备潜在的市场；农民收入的增加和技术培训的到位，使农民有能力也愿意使用灌溉施肥技术和设备，以节约水、土和劳动力，获取最大的农业经济效益。

第二章 水肥一体化技术的主要设备

一套水肥一体化技术设备包括首部枢纽、输配水管网和灌水器3部分。

第一节
水肥一体化技术的首部枢纽

首部枢纽的作用是从水源取水、增压，并将其处理成符合灌溉施肥要求的水流输送到田间系统中去，包括加压设备（水泵、动力机）、过滤设备、施肥设备、控制与测量设备等。其中施肥设备在第二节详细讲述。

一、加压设备

加压设备的作用是满足灌溉施肥系统对管网水流的工作压力和流量要求。加压设备包括水泵及向水泵提供能量的动力机。水泵主要有离心泵、潜水泵等，动力机可以是柴油机、电动机等。在井灌区，如果是小面积使用灌溉施肥设备，最好使用变频器。在有足够自然水源的地方可以不安装加压设备，利用重力进行灌溉。

1. 泵房

加压设备一般安装在泵房内，根据灌溉设计要求确定型号类别，除深井供水外，多需要建造一座相应面积的水泵用房，并能提供一定的操作空间。水泵用房一般是砖混结构，也存在活动房形式，主要功能是避雨防盗，方便灌溉施肥器材的摆放（图2-1）。

图2-1 田间水泵用房

取水点需要建造一个取水池，并预留一个进水口能够与灌溉水源联通，进水口需要安装一个拦污闸（材料最好用热镀锌或不锈钢），防止漂浮物进入池内。取水池的底部稍微挖深，较池外深0.5米左右，池底铺钢筋网，用混凝土铺平硬化。取水池的四周切砖，顶上加盖，预留水泵吸水口和维修口（加小盖），并要定期清理池底，进水口不能堵塞，否则将会影响整个系统的运行。

2. 水泵

（1）水泵的选取 水泵的选取对整个灌溉系统的正常运行起着至关重要的作用。水泵选型原则是：在设计扬程下，流量满足灌溉设计流量要求；在长期运行过程中，水泵的工作效率要调幅，而且经常在最高效率点的右侧运行为最好，便于运行管理。

在选择水泵时，首先要确定流量，在设计时计算出整个灌溉系统所需的总的供水量，确保水源的供水量能够满足系统所需的水量。按照设计水泵的设计流量选择稍大于所需水量即可。如果已知所用灌水器的数量，也可以根据灌水器的设计流量，计算出整个灌溉系统所需要的供水量。这里所得的系统流量为初定值。之后按照制定的灌溉制度选择管路水力损失最大的管路，根据灌水器的设计流量从管路的末端依次推算出主干管进口处的流量，该流量即为所需水泵的设计流量。其次是水泵扬程的确定。水泵扬程的计算需要计算系统内管路水头损失最大的管路水头损失值，按照下列公式计算水泵所需的扬程。

离心泵：$\qquad H_{泵}=h_{泵}+\Delta Z+f_{进}$

潜水泵：$\qquad H_{泵}=h_1+h_2+h_3$

式中，$H_{泵}$ 为系统总扬程；$h_{泵}$ 为水泵出口所需最大压力水头；ΔZ 为水泵出口轴心高程与水源水位的平均高差；$f_{进}$ 为进水管的水头损失；h_1 为井口所需最大压力水头；h_2 为井下管路水头损失；h_3 为井的动水位到井口的高程差。

（2）离心自吸泵　　自吸泵具有一定的自吸能力，能够使水泵在吸不上水的情况下方便启动，并维持正常运行。我国目前生产的自吸泵基本上是自吸离心泵。自吸泵按输送液体和材质可分为污水自吸泵、清水自吸泵、耐腐蚀自吸泵、不锈钢自吸泵等多种自吸泵的结构形式。其主要零件有泵体、泵盖、叶轮、轴、轴承等。自吸泵结构上有独具一格的科学性，泵内设有吸液室、储液室、回液室回阀、气液分离室，管路中不需安装低阀，工作前只需保留泵体储有定量引液即可，因此简化了管路系统，又改善了劳动条件。泵体内具有涡形流道，流道外层周围有容积较大的气水分离腔，泵体下部铸有座角作为固定泵用。

ZW 型卧式离心自吸泵，是一种低扬程、大流量的污水型水泵，其电机与泵体采用轴联的方式，能够泵机分离，保养容易，在不用水的季节或有台风洪水的季节可以拆下电机，使用时再连接电机即可，同心度好、噪声小。主要应用于 50～100 亩以上、种植作物单一的农场，这样施肥时间能够统一。一个轮灌区的流量在 50～

70 米³，水泵的效率能够得到较高的发挥。该水泵具有强力自吸功能、全扬程、无过载，一次加水后不需要再加水（图 2-2）。

图 2-2　65ZW30-18-4KW 自吸式排污泵

其工作原理为：水泵通过电机驱动叶轮，把灌溉水从进水池内吸上来，通过出口的过滤器把水送到田间各处，在水泵的进水管 20 厘米左右处，安装一个三通出口，连接阀门和小过滤器，再连接钢丝软管，作为吸肥管。

水泵在吸水的时候，进水管内部处于负压状态，这时候把吸肥管放入肥料桶的肥液中（可以是饱和肥液），打开吸肥管的阀门，肥液就顺着吸肥管被吸到水泵及管道中与清水混合，输送到田间作物根部进行施肥。与电动注射泵相比，不需要电源，不会压力过高或过低造成不供肥或过量供肥。

（3）潜水泵　潜水泵的工作原理是潜水泵开泵前，吸入管和泵内必须充满液体。开泵后，叶轮高速旋转，潜水泵中的液体随着叶片一起旋转，在离心力的作用下，飞离叶轮向外射出，射出的液体在泵壳扩散室内速度逐渐变慢，压力逐渐增加，然后从泵排出管流出。此时，在叶片中心处由于液体被甩向周围而形成既没有空气又没有液体的真空低压区，液池中的液体在池面大气压的作用下，经吸入管流入潜水泵内，液体就是这样连续不断从液池中被抽吸上来又连续不断地从排出管流出。

用潜水泵作为首部动力系统，优点是简单实用，不需要加引水，也不会发生漏气和泵体气蚀余量超出等故障，水泵型号多，选择余地大。缺点是泵体电机和电线都浸在水中，在使用的过程中要防止发生漏电。

灌溉用潜水泵按出水径，通常在 $DN32\sim DN150$（管直径32～150毫米，下同），如果一台不够，可以安装两台并联使用，这样能节约用电。这里以 QS 系列潜水泵为例，介绍首部的组成和设备操作（图 2-3）。水泵参数：QS 潜水泵，额定流量 65 米^3，额定扬程 18 米，功率 7.5 千瓦，电压 380 伏，出水口内径 $DN80$。QS 水泵的进水口是在水泵中上部，工作时，不会把底部淤泥吸上。冷却效果好，输出功率大，出水口在泵体顶部，方便安装。

图 2-3　QS 系列潜水泵

3. 负压变频供水

通常温室和大田灌溉都是用水泵将水直接从水源中抽取加压使用，无论用水量大小，水泵都是满负荷运转，所以当用水量较小时，所耗的电量与用水量大时一样，容易造成极大的浪费。

负压变频供水设备能根据供水管网中瞬时变化的压力和流量参数，自动改变水泵的台数和电机运行转速，实现恒压变量供水的目的（图2-4）。水泵的功率随用水量变化而变化，用水量大，水泵功率自动增大；用水量小，水泵功率自动减小，能节电50％，从而达到高效节能的目的。

图2-4　变频供水系统

负压变频供水设备的应用，优化了常规果园供水的方式。如由某单位研制开发的LFBP-DL系列变频供水设备（图2-5），在原有基础上进行了优化升级，目前第三代设备已经具有自动加水、自动开机、自动关机、故障自动检索的功能。打开阀门，管道压力感应通过PLC执行水泵启动，出水阀全部关闭后，水泵停止动作，达到节能的效果。

负压供水设备由变频控制柜、离心水泵（DL系列或ZW系列）、真空引水罐、远传压力表、引水筒、底阀等部件组成。电机功率一般为5.5千瓦、7.5千瓦、11千瓦，一台变频控制水泵数量从一控二到一控四，可以根据现场实际用水量确定。其中11千瓦组合一定要注意电源电压。

变频恒（变）压供水设备控制柜，是对供水系统中的泵组进行

图 2-5 LFBP-DL 系列变频供水设备

闭环控制的机电一体化成套设备（图 2-6）。该设备采用工业微机可变程序控制器和数字变频调整技术，根据供水系统中瞬时变化的流量和相应的压力，自动调节水泵的转速和运行台数，从而改变水泵出口压力和流量，使供水管网系统中的压力按设定压力保持恒定，达到提高供水品质和高效节能的目的。

图 2-6 变频恒（变）压供水设备控制柜

控制柜适用于各种无高层水塔的封闭式供水场合的自动控制，具有压力恒定、结构简单、操作简便、使用寿命长、高效节能、运行可靠、使用功能齐全及完善的保护功能等特点。

控制柜具有手动、变频和工频自动三种工作形式，并可根据各用户要求，追加如下各种附加功能：小流量切换或停泵，水池无水停泵，定时启停泵，双电源、双变频、双路供水系统切换，自动巡检，改变供水压力，供水压力数字显示及用户在供水自动化方面要求的其他功能。

二、过滤设备

过滤设备的作用是将灌溉水中的固体颗粒（砂石、肥料沉淀物及有机物）滤去，避免污物进入系统，造成系统和灌水器堵塞。

1. 含污物分类

灌溉水中所含污物及杂质有物理、化学和生物三大类。物理污物及杂质是悬浮在水中的有机或无机的颗粒（有机物质主要有死的水藻、鱼、枝叶等动植物残体等，无机杂质主要是黏粒和沙粒）。化学污物及杂质是指溶于水中的某些化学物质，在条件改变时会变成不溶的固体沉淀物，堵塞灌水器。生物污物及杂质主要包括活的菌类、藻类等微生物和水生动物等，它们进入系统后可能繁殖生长，减小过水断面，堵塞系统。表 2-1 表明了水中所含杂质情况与滴头堵塞程度有关。

对于灌溉水中物理杂质的处理则主要采取拦截过滤的方法，常见的有拦污栅（网）、沉淀池和过滤器。过滤设备根据所用的材料和过滤方式可分为筛网式过滤器、叠片式过滤器、砂石过滤器、离心分离器、自净式网眼过滤器、沉沙池、拦污栅（网）等。在选择过滤设备时要根据灌溉水源的水质、水中污物的各类、杂质含量，结合各种过滤设备的规格、特点及本身的抗堵塞性能，进行合理的选取。

表 2-1　水质与滴头堵塞程度

杂质类型		堵塞程度		
		轻微	中度	严重
物理性	pH	50	50～100	>100
化学性	悬浮物质/(毫克/升)	7.0	7.0～8.0	>8.0
	溶解物质/(毫克/升)	500	500～2000	>2000
	锰/(毫克/升)	0.1	0.1～1.5	>1.5
	总铁/(毫克/升)	0.2	0.2～1.5	>1.5
	硫化物/(毫克/升)	0.2	0.2～2.0	>2.0
生物性	细菌/(个/升)	10000	10000～50000	>50000

注：肥料也是堵塞原因，要把含有肥料的水装入玻璃瓶中，在暗处放置 12 小时，然后在光照下观察是否有深沉情况。

过滤器并不能解决化学和微生物堵塞问题，对水中的化学和生物污物杂物可以采取在灌溉水中注入某些化学药剂的办法以溶解和杀死。如对含泥较多的蓄水塘或蓄水池中加入 0.1%的沸石 10 小时左右，可以将泥泞沉积到池底，水变清澈。对容易长藻类的蓄水池可以加入硫酸铜等杀灭藻类。具体用法参照有关厂家杀藻剂的说明书。

2. 过滤设备

（1）筛网式过滤器　筛网式过滤器是微灌系统中应用最为广泛的一种简单而有效的过滤设备，它的过滤介质有塑料、尼龙筛网或不锈钢筛网。

① 适用条件。筛网式过滤器主要作为末级过滤，当灌溉水质不良时则连接在主过滤器（砂砾或水力回旋过滤器）之后，作为控制过滤器使用。主要用于过滤灌溉水中的粉粒、沙和水垢等污物。当有机物含量较高时，这种类型的过滤器的过滤效果很差，尤其是当压力较大时，有机物会从网眼中挤过去，进入管道，造成系统与灌水器的堵塞。筛网式过滤器一般用于二级或三级过滤（即与砂石分离器或砂石过滤器配套使用）。

② 分类。筛网过滤器的种类很多，按安装方式分有立式和卧

式两种；按清洗方式分有人工清洗和自动清洗两种；按制造材料分有塑料和金属两种；按封闭与否分有封闭式和开敞式（又称自流式）两种。

③ 结构。筛网过滤器主要由筛网、壳体、顶盖等部分组成（图2-23）。筛网的孔径大小（即网目数）决定了过滤器的过滤能力。由于通过过滤器筛网的污物颗粒会在灌水器的孔口或流道内相互挤在一起而堵塞灌水器，因而一般要求所选用的过滤器滤网的孔径大小应为所使用的灌水器孔径的 $1/10 \sim 1/7$。筛网规格与孔口大小的关系见表2-2。

图 2-7　筛网过滤器外观及滤芯

表 2-2　筛网规格与孔口大小的对应关系

滤网规格/目	孔口大小		土粒类别	粒径/毫米
	毫米	微米		
20	0.711	711	粗砂	0.50～0.75
40	0.420	420	中砂	0.25～0.40
50	0.180	180	细砂	0.15～0.20
100	0.152	152	细砂	0.15～0.20
120	0.125	125	细砂	0.10～0.15
150	0.105	105	极细砂	0.10～0.15

滤网规格/目	孔口大小		土粒类别	粒径/毫米
	毫米	微米		
200	0.074	74	极细砂	<0.10
250	0.053	53	极细砂	<0.10
300	0.044	44	粉砂	<0.10

　　过滤器孔径大小的选择要根据所用灌水器的类型及流道断面大小而定。同时由于过滤器减小了过流断面，存在一定的水头损失，在进行系统设计压力的推算时一定要考虑过滤器的压力损失范围，否则当过滤器发生一定程度的堵塞时会影响系统的灌水质量。一般来说，喷灌要求40～80目过滤，滴灌要求100～150目过滤。但过滤目数越大，压力损失越大，能耗越多。

　　（2）叠片式过滤器　叠片式过滤器是由大量的很薄的圆形片重叠起来，并锁紧形成一个圆柱形滤芯，每个圆形叠片的两个面分布着许多滤槽，当水流经过这些叠片时，利用盘壁和滤槽来拦截杂质污物。这种类型的过滤器过滤效果要优于筛网式过滤器，其过滤能力在40～400目之间可用于初级和终级过滤，但当水源水质较差时不宜作为初级过滤，否则清洗次数过多，反而带来不便（图2-8、图2-9）。

图2-8　叠片式过滤器外观及叠片

图 2-9　自动反冲洗叠片式过滤器

（3）离心式过滤器　离心式过滤器又称为旋流水砂分离过滤器或涡流式水砂分离器，是由高速旋转水流产生的离心力，将砂粒和其他较重的杂质从水体中分离出来，它内部没有滤网，也没有可拆卸的部件，保养维护很方便。这类过滤器主要应用于高含砂量水源的过滤，当水中含沙量较大时，应选择离心过滤器为主过滤器。它由进水口、出水口、旋涡室、分离室、储污室和排污口等部分组成（图 2-10）。

图 2-10　离心式过滤器

　　离心式过滤器的工作原理是当压力水流从进水口以切线方向进入旋涡室后做旋转运动，水流在做旋转运动的同时也在重力作用下向下运动，在旋流室内呈螺旋状运动，水中的泥沙颗粒和其他固体物质在离心力的作用下被抛向分离室壳壁上，在重力作用下沿壁面渐渐向下移动，向储污室中汇集。在储污室内断面增大，水流速度下降，泥沙颗粒受离心力作用减小，受重力作用加大，最后深沉下来，再通过排污管排出过滤器。而在旋涡中心的净水速度比较低，位能较高，于是作螺旋运行上升经分离器顶部的出水口进入灌溉管道系统。

　　只有在一定的流量范围内，离心式过滤器才能发挥出应有的净化水质的效果，因而对那些分区大小不一、各区流量不均的灌溉系统，不宜选用此种过滤器。离心式过滤器正常运行条件下的水头损失应在 3.5～7.7 米范围内，若水头损失小于 3.5 米，则说明流量太小而形成不了足够的离心力，将不能有效分离出水中杂质。只要通过离心式过滤器的流量保持恒定，则其水头损失也就是恒定的，并不像网式过滤器或砂石过滤器那样，随着滤出的杂质增多其水头损失也随之增大。

　　离心式过滤器因其是利用旋转水流和离心作用使水砂分离而进行过滤的，因而对高含砂水流有较理想的过滤效果，但是较难除去与水密度相近和密度比水小的杂质，因而有时也称为砂石分离器。另外在水泵启动和停机时由于系统中水流流速较小，过滤器内所产生的离心力小，其过滤效果较差，会有较多的砂粒进入系统，因而离心式过滤器一般不能单独承担微灌系统的过滤任务，必须与筛网式或叠片式过滤器结合运用，以水砂分离器作为初级过滤器，这样会起到较好的过滤效果，延长冲洗周期。离心式过滤器底部的储污室必须频繁冲洗，以防沉积的泥沙再次被带入系统。离心式过滤器有较大的水头损失，在选用和设计时一定要将这部分水头损失考虑在内（图 2-11）。

　　（4）砂石过滤器　砂石过滤器又称介质过滤器。它是利用砂石作为过滤介质进行过滤的，一般选用玄武岩砂床或石英砂床，砂砾

施肥罐

网式过滤器

离心式过滤器

图 2-11　离心式过滤器与网式过滤器组合使用

的粒径大小根据水质状况、过滤要求及系统流量确定。砂石过滤器对水中的有机杂质和无机杂质的滤出和存留能力很强，并可不间断供水。当水中有机物含量较高时，无论无机物含量有多少，均应选用砂石过滤器。砂石过滤器的优点是过滤能力强，适用范围很广，不足之处在于占的空间比较大、造价比较高。它一般用于地表水源的过滤，使用时根据出水量和过滤要求可选择单一过滤器或两个以上的过滤器组进行过滤。

　　砂石过滤器主要由进水口、出水口、过滤器壳体、过滤介质砂砾和排污孔等部分组成，其形式见图 2-12。其工作原理是当水由进水口进入过滤器并经过砂石过滤床时，因过滤介质间的孔隙曲折而又小，水流受阻流速减小，水源中所含杂质就会被阻挡而沉淀或附着到过滤介质表面，从而起到过滤作用，经过滤后的干净水从出水口进入灌溉管道系统。当过滤器两端压力差超过 30～50 千帕时，说明过滤介质被污物堵塞严重，需要进行反冲洗。反冲洗是通过过滤器控制阀门，使水流产生逆向流动，将以前过滤阻拦下来的污物通过排污口排出。为了使灌溉系统在反冲洗过程中也能同时向系统供水，常在首部枢纽安装两个以上过滤器，其工作过程如图 2-13。

图 2-12 砂石过滤器

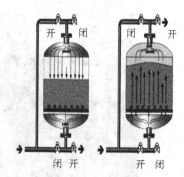

图 2-13 砂石过滤器工作状态

砂石过滤器的过滤能力主要决定于所选用的砂石的性质及粒径级配，不同粒径组合配的砂石其过滤能力不同，同时由于砂石与灌溉水充分接触，且在反冲洗时会产生摩擦，因此砂石过滤器用砂应满足以下要求：具有足够的机械强度，以防反冲洗时砂粒产生磨损和破碎现象；砂具有足够的化学稳定性，以免砂粒与化肥、农药、水处理用酸（碱）等化学物品发生化学反应，产生引起微灌堵塞的物质，更不能产生对动、植物有毒害作用的物质；具有一定颗粒级配和适当孔隙率；尽量就地取材，且价格便宜。

（5）自制过滤设备　在自压灌溉系统，包括扬水自压灌溉系统中，在管道入水口处压力都是很低的，在这种情况下如果直接将上述任何一种过滤器安装在管道入水口处，则会由于压力过小而使过滤器中流量很小，不能满足灌溉要求。如果安装过多的过滤器，不仅使设计安装过于复杂，而且会大大增加系统投资，此时只要自行制作一个简单的管道入口过滤设备，既可完全满足系统过滤要求，也可达到系统流量要求，而且投资很小。下面介绍一种适用于扬水自压灌溉的过滤设备。

扬水自压灌溉系统在丘陵地区应用非常广泛，一般做法是在灌区最高处修建水池，利用水泵扬水至水池，然后利用自然高差进行灌溉，这种灌溉系统干管直接与水池相接，根据这各特点，自制过滤器可按下列步骤完成，干管管径以 90 毫米为例。

① 截取长约 1 米的 110 毫米或 90 毫米 PVC 管，在管上均匀钻孔，孔径在 40～50 毫米之间，孔间距控制在 30 毫米左右。孔间距过大，则总孔数太少，过流量会减少，孔间距过小，则会降低管段的强度，易遭破坏，制作时应引起注意。

② 根据灌溉系统类型购买符合要求的滤网，喷灌 80 目，滴灌 120 目，为保证安全耐用，建议购买不锈钢滤网，滤网大小以完全包裹钻孔的 110 毫米 PVC 管为宜，也可多购一些，进行轮换拆洗。

③ 滤网包裹。将滤网紧贴管外壁包裹一周，并用铁丝或管箍扎紧，防止松落，特别要注意的是整个管段除一端不包外，其余部位全部用滤网包住，防止水流不经过滤网直接进入管道。如果对一端管口进行包裹时觉得有些不便操作，可以用管堵直接将其堵死，仅在管臂包裹滤网即可。

④ 通过另一端与干管的连接，此过滤设备最好用活接头、管螺纹或法兰与干管连接，以利于拆洗及检修。此过滤设备个数可根据灌溉系统流量要求确定，且在使用过程中要定期检查清洗滤网，否则也会因严重堵塞造成过流量减小，影响灌溉质量。

（6）拦污栅（网）　很多灌溉系统是以地表水作为水源的，如河流、塘库等，这些水体中常含有较大体积的杂物，如枯枝残叶、藻类、杂草和其他较大的漂浮物等。为防止这些杂物进入深沉池或蓄水池中，增加过滤器的负担，常在蓄水池进口或水源中水泵进口处安装一种网式拦污栅（图 2-14），作为灌溉水源的初级净化处理设施。拦污栅构造简单，可以根据水源实际情况自行设计和制作。

（7）沉沙池　沉沙池是灌溉用水水质净化初级处理设施之一，尽管是一种简单而古老的水处理方法，却是解决多种水源水质净化问题的有效而又经济的一种处理方式（图 2-15）。

沉沙池的作用表现在两个方面：一是清除水中存在的固体物质。当水中含泥沙太多时，下设沉沙池可起初级过滤作用。二是去除铁物质。一般水中含沙量超过 200 毫克/升或水中含有氧化铁，均需修建沉沙池进行水质处理。

沉沙池设计应遵循以下原则：灌溉系统的取水口尽量远离沉沙

图 2-14　拦污栅

图 2-15　灌溉用的沉沙池

池的进水口；在灌溉季节结束后，沉沙池必须能保证清除掉所沉积的泥沙；灌溉系统尽量提取沉沙池的表层水；在满足沉沙速度和沉沙面积的前提下，应建窄长形沉沙池；从过滤器反冲出的水应回流至沉沙池，但其回水口应尽量远离灌溉系统的取水口。

3.过滤器的选型

过滤器在微灌系统中起着非常重要的作用，不同类型的过滤器对不同杂质的过滤能力不同，在设计选型时一定要根据水源的水质情况、系统流量及灌水器要求选择既能满足系统要求，且操作方便的过滤器类型及组合。过滤器选型一般有以下步骤。

第一步，根据灌溉水杂质种类及各类杂质的含量选择过滤器类型。地面水（江河、湖泊、塘库等）一般含有较多的砂石和有机物，宜选用砂石过滤器作为一级过滤，如果杂质体积比较大，还需要用拦污栅作初级拦污过滤；如果含沙量大，还需要设置沉沙池作初级拦污过滤。地下水（井水）杂质一般以砂石为主，宜选用离心式过滤器作为一级过滤。无论是砂石过滤器还是离心式过滤器，都可以根据需要选用筛网式过滤器或叠片式过滤器作为二级过滤。对于水质较好的水源，可直接选用筛网式或叠片式过滤器。表 2-3 总结了不同类型过滤器对去除浇灌水中不同污物的有效性。

表 2-3　过滤器的类型选择

污物类型	污染程度	定量标准/（毫克/升）	离心式过滤器	砂石过滤器	叠片式过滤器	自动冲洗筛网过滤器	控制过滤器的选择
土壤颗粒	低	≤50	A	B	—	C	筛网
	高	＞50	A	B	—	C	筛网
悬浮固定物	低	≤80	—	A	B	C	叠片
	高	＞80	—	A	B	C	叠片
藻类	低			B	A	C	叠片
	高			B	A	C	叠片
氧化铁和锰	低	≤50		B	A		叠片
	高	＞50		B	A	B	叠片

注：控制过滤器指二级过滤器。A 为第一选择方案；B 为第二选择方案；C 为第三选择方案。

第二步，根据灌溉系统所选灌水器对过滤器的能力要求确定过滤器的目数大小。一般来说，微喷要求 80～100 目过滤，滴灌要求 100～150 目过滤。

第三步，根据系统流量确定过滤器的过滤容量。

第四步，确定冲洗类型：在有条件的情况下，建议采用自动反冲洗类型，以减少维护和工作量。特别是劳力短缺及灌溉面积大时，自动反冲洗过滤器应优先考虑。

第五步，考虑价格因素：对于具有相同过滤效果的不同过滤器来说，选择过滤器时主要考虑价格高低，一般砂介质过滤器是最贵的，而叠片或筛网过滤器则是相对便宜的。

三、控制和量测设备

为了确保灌溉施肥系统正常运行，首部枢纽中还必须安装控制装置、保护装置、量测装置，如进排气阀、逆止阀、压力表和水表等。

1.控制部件

控制部件的作用是控制水流的流向、流量和总供水量，它是根据系统设计灌水方案，有计划地按要求的流量将水流分配输送至系统的各部分，主要有各种阀门和专用给水部件。

（1）给水栓　给水栓是指地下管道系统的水引出地面进行灌溉的放水口，根据阀体结构形式可分为移动式给水栓、半固定式给水栓和固定式给水栓（图 2-16）。

图 2-16　给水栓

图 2-17　蝶阀

（2）阀门　阀门是喷灌系统必用的部件，主要有闸阀、蝶阀、球阀、截止阀、止回阀、安全阀、减压阀等（图 2-17～图 2-19）。在同一灌溉系统中，不同的阀门起着不同的作用，使用时可根据实际情况选用不同类型的阀门，表 2-4 列出了各类阀门的作用及特点，在选择时供参考。

图 2-18　PVC球阀

图 2-19　止回阀

表 2-4　各类阀门的作用、特点及应用

阀门类型	作　用	特点及应用
闸阀	截断和接通管道中的水流	阻力小，开关力小，水可从两个方向流动，占用空间较小，但结构复杂，密封面容易被擦伤而影响止水功能，高度较大
球阀	截断和接通管道中的水流	结构简单，体积小，重量轻，对水流阻力小，但启闭速度不易控制，可能使管内产生较大的水锤压力。多安装于喷洒支管进口处，控制喷头，而且可起到关闭移动支管接口的作用
蝶阀	开启可关闭管道中的水流流动，也可起调节作用	启闭速度较易控制，常安装于水泵出水口处
止回阀	防止水流逆流	阻力小，顺流开启，逆流关闭，水流驱动，强防止水泵倒转和水流倒流产生水锤压力，也可防止管道中肥液倒流而腐蚀水泵，污染水源
安全阀	压力过高时打开泄压	安装于管道始端和易产生水柱分享处，防止水锤
减压阀	压力超过设定工作压力自动打开，降低压力，保护设备	安装于地形较陡管线急剧下降处的最低端，或当自压喷灌中压力过高时安装于田间管道入口处
空气阀	排气、进气	管道内有高压空气时排气，防止管内产生真空时气，防止负压破坏。安装于系统最高处和局部高处

2. 安全保护装置

灌溉系统运行中不可避免地会遇到压力突然变化、管道进气、突然停泵等一些异常情况，威胁到系统，因此在灌溉系统相关部位必须安装安全保护装置，防止系统内因压力变化或水倒流对灌溉设备产生破坏，保证系统正常运行。常用的设备有进（排）气阀、安全阀、调压装置、逆止阀、泄水阀等。

（1）进（排）气阀　进（排）气阀是能够自动排气和进气，且当压力水来时能够自动关闭的一种安全保护设备，主要作用是排除管内空气，破坏管道真空，有些产品还具有止回水功能。当管道开始输水时，管道内的空气受水的挤压向管道高处集中，如空气无法排出，就会减小过水断面，严重时会截断水流，还会造成高于工作压力数倍的压力冲击。当水泵停止供水时，如果管道中有较低的出水口（如灌水器），则管道内的水会流向系统低处而向外排出，此时会在管内较高处形成真空负压区，压差较大时对管道系统不利，解决此类问题的方法便是在管道系统的最高处和管路中凸起处安装进（排）气阀。进（排）气阀是管路安全的重要设备，不可缺少。一些非专业的设计不安装进（排）气阀造成爆管及管道吸扁，使系统无法正常工作（图 2-20）。

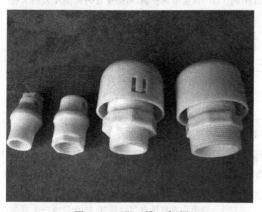

图 2-20　进（排）气阀

图 2-21　安全阀

（2）安全阀　安全阀是一种压力释放装置，当管道的水压超过设定压力时自动打开泄压，防止水锤事故，一般安装在管路的较低处。在不产生水柱分离的情况下，安全阀安装在系统首部（水泵出水端），可对整个喷灌系统起保护作用。如果管道内产生水柱分离，则必须在管道沿程和处或几处安装安全阀才能达到防止水锤的目的（图 2-21）。

3. 流量与压力调节装置

当灌溉系统中某些区域实际流量和压力与设计工作压力相差较大时，就需要安装流量与压力调节装置来调节管道中的压力和流量，特别是在利用自然高差进行自压喷灌时，往往存在灌溉区管道内压力分布不均匀，或实际压力大于喷头工作压力，导致流量与压力分布不均匀，或实际压力大于喷头工作压力，导致流量与压力很难满足要求，也给喷头选型带来困难。此时除进行压力分区外，在管道系统中安装流量与压力调节装置是极为必要的。流量与压力调节装置都是通过自动改变过水断面来调节流量与压力的，实际上是通过限制流量的方法达到减小流量或压力的一种装置，并不会增加系统流量或压力。根据此工作原理，在生产实践中，考虑到投资问题，也有用球阀、闸阀、蝶阀等作为调节装置的，但这样一方面会影响到阀门的使用寿命，另一方面也很难进行流量与压力的精确调节。

4. 量测装置

灌溉系统的量测装置主要有压力表、流量计和水表，其作用是系统工作时实时监测管道中的工作压力和流量，正确判断系统工作状态，及时发现并排除系统故障。

（1）压力表 压力表是所有设施灌溉系统必需的量测装置，它是测量系统管道内水压的仪器，它能够实时反映系统是否处于正常工作状态，当系统出现故障时，可根据压力表读数变化的大小初步判断可能出现的故障类型，压力表常安装于首部枢纽、轮灌区入口处、支管入口处等控制节点处，实际数量及具体位置要根据喷灌区面积、地形复杂程度等确定。在过滤器前后一般各需安装 1 个压力表，通过两端压力差大小判断过滤器堵塞程度，以便及时清洗，防止过滤器堵塞减小过水断面，造成田间工作压力及流量过小而影响灌溉质量。喷灌用压力表要选择灵敏度高、工作压力处于压力表主要量程范围内、表盘较大、易于观看的优质产品。喷灌系统工作状态除田间观察外，主要由压力表反映，因此，必须保证压力表处于正常工作状态，出现故障要及时更换（图 2-22）。

（2）流量计和水表　流量计和水表都是量测水流流量的仪器，两者不同之处是流量计能够直接反映管道内的流量变化，不记录总过水量（图 2-23）；而水表反映的是通过管道的累积水量，不能记录实时流量，要获得系统流量时需要观测计算，一般安装于首部枢纽或干管上。在配备自动施肥机的喷灌系统，由于施肥机需要按系统流量确定施肥量的大小，因而需安装一个自动量测水表。

图 2-22　压力表

图 2-23　流量表

5.自动化控制设备

自动化控制技术能够在很大程度上提高灌溉系统的工作效率。采用自动化控制灌溉系统具有以下优点：能够做到适时适量地控制灌水量、灌水时间和灌水周期，提高水分利用效率；大大节约劳动力，提高工作效率，减少运行费用；可灵活方便地安排灌水计划，管理人员不必直接到田间进行操作；可增加系统每天的工作时间，提高设备利用率。节水灌溉的自动化控制系统主要由中央控制器、自动阀、传感器等设备组成，其自动化程度可根据用户要求、经济实力、种植作物的经济效益等多方面综合考虑确定。

（1）中央控制器　中央控制器是自动化灌溉系统的控制中心，管理人员可以通过输入相应的灌溉程序（灌水开始时间、延续时间、灌水周期）进行对整个灌溉系统的控制。由于控制器价格比较昂贵，控制器类型的选择应根据实际的容量要求和要实现的功能多少而定（图2-24）。

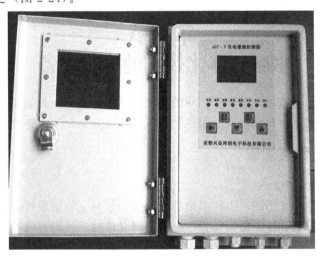

图 2-24　中央控制器

图 2-25　电磁阀

（2）自动阀　自动阀的种类很多，其中电磁阀是在自动化灌溉系统中应用最多的一种，电磁阀是通过中央控制器传送的电信号来打开或关闭阀门的，其原理是电磁阀在接收到电信号后，电磁头提升金属塞，打开阀门上游与下游之间的通道，使电磁阀内橡胶隔膜上面与下面形成压差，阀门开启（图 2-25）。

第二节
水肥一体化技术的施肥设备

水肥一体化技术中常用到的施肥设备主要有：压差施肥罐、文丘里施肥器、泵吸肥法、泵注肥法、自压重力施肥法、施肥机等。

一、压差施肥罐

1. 基本原理

压差式施肥罐，由两根细管（旁通管）与主管道相接，在主管道上两条细管接点之间设置一个节制阀（球阀或闸阀）以产生一个较小的压力差（1～2 米水压），使一部分水流流入施肥罐，进水管直达罐底，水溶解罐中肥料后，肥料溶液由另一根细管进入主管道，将肥料带以作物根区（图 2-26～图 2-28）。

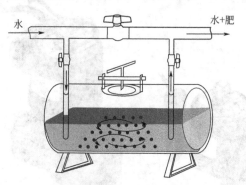

图 2-26　压差施肥罐示意图

肥料罐是用抗腐蚀的陶瓷衬底或镀锌铸铁、不锈钢或纤维玻璃

图 2-27　立式金属施肥罐

图 2-28　立式塑料施肥罐

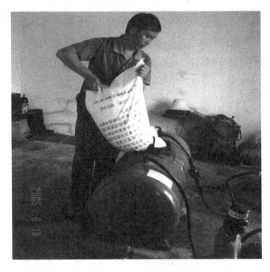
图 2-29　向施肥罐添加肥料

做成，以确保经得住系统的工作压力和抗肥料腐蚀。在低压滴灌系统中，由于压力低（约 10 米水压），也可用塑料罐，固体可溶肥料在肥料罐里逐渐溶解，液体肥料则与水快速混合。随灌溉进行，肥料不断被带走，肥料溶液不断被稀释，养分越来越低，最后肥料罐里的固体肥料都流走了（图2-29）。该系统较简单、便宜，不需要用外部动力就可以达到较高的稀释倍数。然而，该系统也存在一些缺陷，如无法精确控制灌溉水中的肥料注入速率和养分浓度，每次灌溉之前都得重新将肥料装入施肥罐内。节流阀增加了压力的损失，而且该系统不能用于自动化操作。肥料罐常做成10~300升的规格。一般温室果树大棚小面积地块用体积小的施肥罐，露地果树轮灌区面积较大的地块用体积大的施肥罐。

2. 优缺点

压差施肥罐的优点：设备成本低，操作简单，维护方便；适合施用液体肥料和水溶性固体肥料，施肥时不需要外加动力；设备体积小，占地少。压差施肥罐的缺点：为定量化施肥方式，施肥过程中的肥液浓度不均一；易受水压变化的影响；存在一定的水头损失，移动性差，不适宜用于自动化作业；锈蚀严重，耐用性差；由于罐口小，加入肥料不方便，特别是轮灌区面积大时，每次的肥料用量大，而罐的体积有限，需要多次倒肥，降低了工作效率。

3. 适用范围

压差施肥罐适用于包括温室果树大棚、露地果树种植等多种形式的水肥一体化灌溉施肥系统。对于不同压力范围的系统，应选用不同材质的施肥罐。因不同材质的施肥罐其耐压能力不同。

二、文丘里施肥器

1. 基本原理

水流通过一个由大渐小然后由小渐大的管道时（文丘里管喉部），水流经狭窄部分时流速加大，压力下降，使前后形成压力差，当喉部有一更小管径的入口时，形成负压，将肥料溶液从一敞口肥料罐通过小管径细管吸取上来。文丘里施肥器即根据这一原理制成（图2-30、图2-31）。文丘里施肥器用抗腐蚀材料制作，如塑料和不锈钢，现绝大部分为塑料制造。文丘里施肥器的注入速度取决于产生负压的大小（即所损耗的压力）。损耗的压力受施肥器类型和操作条件的影响，损耗量为原始压力的10%～75%。表2-5列出了压力损耗与吸肥量（注入速度）的关系。

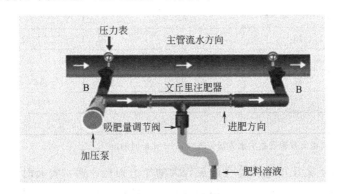

图2-30 文丘里施肥器示意图

图2-31 文丘里施肥器

表2-5 文丘里施肥器的压力损耗（产生负压时的压力差）与吸肥量的关系

型号	压力损耗	流经文丘里管道的水流量/(升/分钟)	吸肥量/(升/小时)
1	26	1.89	22.7
2	25	7.95	37.8
3	18	12.8	64.3
4	16	24.2	94.6
5	16	45.4	227.1

续表

型号	压力损耗	流经文丘里管道的水流量/(升/分钟)	吸肥量/(升/小时)
6	18	64.3	283.8
7	18	128.6	681.3
8	18	382	1892
9	50	7.94	132.4
10	32	45.4	529.9
11	35	136.2	1324.7
12	67	109.7	4277

注：流经文丘里管道的水流量为压力 0.35 兆帕时测定。

　　由于文丘里施肥器会造成较大的压力损耗，通常安装时加装一个小型增压泵。一般厂家均会告知产品的压力损耗，设计时根据相关参数配置加压泵或不加泵（图 2-32）。

图 2-32　文丘里施肥器的应用

　　文丘里施肥器的操作需要有过量的压力来保证必要的压力损耗；施肥器入口稳定的压力是养分浓度均匀的保证。压力损耗量用占入口处压力的百分数来表示，吸力产生需要损耗入口压力的

20%以上，但是两级文丘里施肥器只需损耗 10% 的压力。吸肥量受入口压力、压力损耗和吸管直径影响，可通过控制阀和调节器来调整。文丘里施肥器可安装于主管路上（串联安装，图 2-33）或者作为管路的旁通件安装（并联安装，图 2-34）。在温室里，作为旁通件安装的施肥器其水流由一个辅助水泵加压。

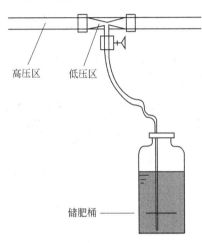

图 2-33　文丘里施肥器串联安装

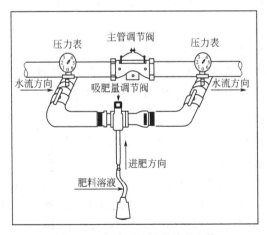

图 2-34　文丘里施肥器并联安装

文丘里施肥器的主要工作参数有：一是进口处工作压力（$P_进$）。二是压差，压差（$P_进 - P_出$）常被表达成进口压力的百分比，只有当此值降到一定值时，才开始抽吸。如前所述，这一值约为 1/3 的进口压力，某些类型高达 50%，较先进的可小于 15%。表 2-6 列出了压力差与吸肥量的关系。三是抽吸量。指单位时间里抽吸液体肥料的体积，单位为升/小时。抽吸量可通过一些部件调整。四是流量，是指流过施肥器本身的水流量。进口压力和喉部尺寸影响着施肥器的流量。流量范围由制造厂家给定。每种类型只有在给定的范围内才能准确地运行。

表 2-6　文丘里施肥器压力差与吸肥量的关系

入口压力 P_1 /千帕	出口压力 P_2 /千帕	压力差 ΔP /千帕	吸肥流量 Q_1 /（升/小时）	主管流量 Q_2 /（升/小时）	总流量 $(Q_1 + Q_2)$ /（升/小时）
150	60	90	0	1260	1260
150	30	120	321	2133	2454
150	0	150	472	2008	2480
100	20	80	0	950	950
100	0	100	354	2286	2640

注：表中数据为天津水利科学研究所研制的单向阀文丘里注肥器测定。

文丘里施肥器具有显著的优点：不需要外部能源，直接从敞口肥料罐吸取肥料，吸肥量范围大，操作简单，磨损率低，安装简易，方便移动，适于自动化，养分浓度均匀且抗腐蚀性强。不足之处为压力损失大，吸肥量受压力波动的影响。

2. 主要类型

（1）简单型　这种类型结构简单，只有射流收缩段，无附件，因水头损失过大一般不宜采用。

（2）改进型　灌溉管网内的压力变化可能会干扰施肥过程的正常运行或引起事故。为防止这些情况发生，在单段射流管的基础上，增设单向阀和真空破坏阀。当产生抽吸作用的压力过小或进口压力过低时，水会从主管道流进储肥罐以至产生溢流。在抽吸管前安装一个单向阀，或在管道上装一球阀均可解决这一问题。当文丘里施肥器的吸入室为负压时，单向阀的阀芯在吸力作用下关闭，防止水从吸入口流出（图 2-35）。

图 2-35　带单向阀的文丘里施肥器

当敞口肥料桶安放在田块首部时，罐内肥液可能在灌溉结束时因出现负压面被吸入主管，再流至田间最低处，既浪费肥料而且可能烧伤作物。在管路中安装真空破坏阀，无论系统何处出现局部真空都能及时补进空气。

有些制造厂提供各种规格的文丘里喉部，可按所需肥料溶液的数量进行调换，以使肥料溶液吸入速率稳定在要求的水平上。

（3）两段式　国外研制了的改进的两段式结构。使得吸肥时的水头损失只有入口处压力的 12%～15%，因而克服了文丘里施肥器的基本缺陷，并使之获得了广泛的应用。不足之处是流量相应降低了（图 2-36）。

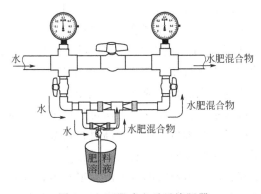

图 2-36　两段式文丘里施肥器

3. 优缺点

文丘里施肥器的优点：设备成本低，维护费用低；施肥过程可维持均一的肥液浓度，施肥过程无需外部动力；设备重量轻，便于移动和用于自动化系统；施肥时肥料罐为敞开环境，便于观察施肥进程。文丘里施肥器的缺点：施肥时系统水头压力损失大；为补偿水头损失，系统中要求较高的压力；施肥过程中的压力波动变化大；为使系统获得稳压，需配备增压泵；不能直接使用固体肥料，需把固体肥料溶解后施用。

4. 适用范围

文丘里施肥器因其出流量较小，主要适用于小面积种植场所，如温室大棚种植或小规模果园。

5. 安装方法

在大多数情况下，文丘里施肥器安装在旁通管上（并联安装），这样只需部分流量经过射流段。当然，主管道内必须产生与射流管内相等的压力降。这种旁通运行可使用较小（较便宜）的文丘里施肥器，而且更便于移动。当不加肥时，系统也工作正常。当施肥面积很小且不考虑压力损耗时，也可用串联安装。

在旁通管上安装的文丘里施肥器，常采用旁通调压阀产生压差。调压阀的水头损失足以分配压力。如果肥液在主管过滤器之后流入主管，抽吸的肥水要单独过滤。常在吸肥口包一块 $100 \sim 120$ 目的尼龙网或不锈钢网，或在肥液输送管的末端安装一个耐腐蚀的过滤器（$1/2''$ 或 $1''$），筛网规格为 120 目（图 2-37）。有的厂家产品出厂时已在管末端连接好不锈钢网。输送管末端结构应便于检查，必要时可进行清洗。肥液罐（或桶）应低于射流管，以防止肥液在不需要时自压流入系统。并联安装方法可保持出口端的恒压，适合于水流稳定的情况。当进口处压力较高时，在旁通管入口端可安装一个小的调压阀，这样在两端都有安全措施。

因文丘里施肥器对运行时的压力波动很敏感，应安装压力表进行监控。一般在首部系统都会安装多个压力表。节制阀两端的压力

文丘里吸肥器

品名：文丘里施肥器+过滤器　　网式过滤器
规格:1寸，1.2寸，1.5寸，2寸

图 2-37　带过滤器的文丘里施肥器

表可测定节制阀两端的压力差。一些更高级的施肥器本身即配有压力表供监测运行压力。

三、重力自压式施肥法

1. 基本原理

在应用重力滴灌或微喷灌的场合，可以采用重力自压式施肥法。在南方丘陵山地果园，通常引用高处的山泉水或将山脚水源泵至高处的蓄水池。通常在水池旁边高于水池液面处建立一个敞口式混肥池，池大小在 0.5～5.0 米^3，可以是方形或圆形，方便搅拌溶解肥料即可。池底安装肥液流出的管道，出口处安装 PVC 球阀，此管道与蓄水池出水管连接。池内用 20～30 厘米长的大管径（如 ϕ75 毫米或 ϕ90 毫米 PVC 管）。管入口用 100～120 目尼龙网包扎。为扩大肥料的过流面积，通常在管上钻一系列的孔，用尼龙网包扎（图 2-38）。

2. 应用范围

我国华南、西南、中南等地有大面积的丘陵山地果园，非常适合采用重力自压灌溉。很多山地果园在山顶最高处建有蓄水池，果园一般采用拖管淋灌或滴灌。此时采用重力自压施肥非常方便做到水肥结合。在华南地区的柑橘园、荔枝园、龙眼园有相当数量的果

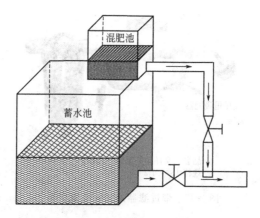

图 2-38　自压灌溉施肥示意图

农采用重力自压施肥。重力自压施肥简单方便，施肥浓度均匀中，农户易于接受。不足之处是必须把肥料运送到山顶。

四、泵吸肥法

泵吸肥法是利用离心泵直接将肥料溶液吸入灌溉系统，适合于几十公顷以内面积的施肥。为防止肥料溶液倒流入水池而污染水源，可在吸水管上安装逆止阀。通常在吸肥管的入口包上 100～120 目滤网（不锈钢或尼龙），防止杂质进入管道。该法的优点是不需外加动力，结构简单，操作方便，可用敞口容器盛肥料溶液。施肥时通过调节肥液管上阀门，可以控制施肥速度，精确调节施肥浓度。缺点是施肥时要有人照看，当肥液快完时应立即关闭吸肥管上的阀门，否则会吸入空气，影响泵的运行（图 2-39）。

五、泵注肥法

泵注肥法是利用加压泵将肥料溶液注入有压管道，通常泵产生的压力必须要大于输水管的水压，否则肥料注不进去。对用深井泵或潜水泵抽水直接灌溉的地区，泵注肥法是最佳选择（图 2-40）。泵施肥法施肥速度可以调节，施肥浓度均匀，操作方便，不消耗系

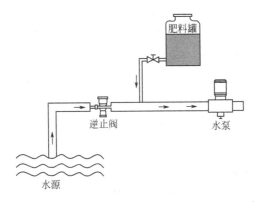

图 2-39 泵吸施肥法示意图

图 2-40 利用加压泵将肥料注入管道

统压力。不足是要单独配置施肥泵。对施肥不频繁地区，普通清水泵可以使用，施完肥后用清水清洗，一般不生锈。但对于频繁施肥的地区，建议用耐腐蚀的化工泵。

六、注射泵

在无土栽培技术应用普遍的国家（如荷兰、以色列等），注射泵的应用很普遍，有满足各种用户需要的产品。注射泵是一种精确施肥设备，可控制肥料用量或施肥时间，在集中施肥和进行复杂控制的同时还易于移动，不给灌溉系统带来水头损失，运行费较低等。但注射泵装置复杂，与其他施肥设备相比价格昂贵，肥料必须溶解后使用，有时需要外部动力。对于电力驱动泵还存在特别风险，当系统供水受阻中断后，往往注肥仍在进行。目前常用的类型有膜式泵、柱塞泵等。

1. 水力驱动泵

这种泵以水压力为运行动力，因此在田间只要有灌溉供水管道就可以运行。一般的工作压力最小值是 0.3 兆帕。流量取决于泵的规格。同一规格的泵水压力也会影响流量，但可调节。此类泵一般为自动控制，泵上安有脉冲传感器将活塞或隔膜的运动转变为电信号来控制吸肥量。灌溉中断时注肥立即停止，停止施肥时泵会排出一部分驱动水。由于此类泵主要用于大棚温室中的无土栽培，一般安置在系统首部，但也可以移动。典型的水力驱动泵有隔膜泵和柱塞泵。

（1）隔膜泵　这种泵有两个膜部件，一个安装在上面，一个安装在下面，之间通过一根竖直杠杆连接。一个膜部件是营养液槽，另一个是灌溉水槽。灌溉水同时进入到两个部件中较低的槽，产生向上运动。运动结束时分流阀将肥料吸入口关闭并将注射进水口打开，膜下两个较低槽中的水被射出。向下运动结束时，分流阀关闭出水口并打开进水口，再向上运动。当上方的膜下降时，开始吸取肥料溶液；而当向上运动时，则将肥料溶液注入以灌溉系统中。膜式泵比活塞注射泵昂贵，但是它的运动部件较少而且组成部分与腐蚀性肥料溶液接触的面积较小。隔膜泵的流量为 3～1200 升/小时，工作压力为 0.14～0.8 兆帕。肥料溶液注入量与排水量之比为 1：2。由一个计量阀和脉冲转换器组成的阀对泵进行调控，主要调控预设进水量与灌溉水流量的比例。可采用水力驱动的计量器来进行按比例加肥灌溉。在泵上安装电子微断流器将电脉冲转化为信息传到灌溉控制器来实现自动控制。隔膜泵的材料通常采用不锈钢和塑料（图 2-41）。

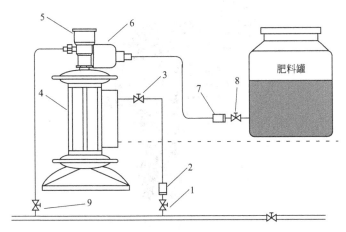

图 2-41 隔膜施肥泵工作原理图

1—动力水进口阀；2—驱动水过滤阀；3—调节阀；

4—肥料注射器；5—逆止阀；6—吸力阀；

7—肥料过滤器；8—施肥阀；9—肥料出口阀

（2）柱塞泵　柱塞泵利用加压灌溉水来驱动活塞。它所排放的水量是注入肥料溶液的 3 倍。泵外形为圆柱体并含有一个双向活塞和一个使用交流电的小电机，泵从肥料罐中吸取肥料溶液并将它注入灌溉系统中。泵启动时有一个阀门将空气从系统中排出，并防止供水中断时肥料溶液虹吸到主管。柱塞泵的流量为 1～250 升/小时，工作压力为 0.15～0.80 兆帕。可用流量调节器来调节泵的施肥量或在驱动泵的供水管里安装水计量阀来调节。与注射器相连的脉冲传感器可将脉冲转化为电信号将信号传送给溶液注入量控制器。然后控制器据此调整灌溉水与注入溶液的比例。在国内使用较多的为法国 DOSATRONL 国际公司的施肥泵和美国 DOSMATIC 国际公司的施肥泵。均有多种型号，肥水稀释比例从几百至几千倍不等（表 2-7，图 2-42、图 2-43）。

图 2-42　美国 DOSMATIC 国际公司的施肥泵

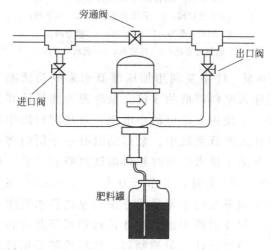

图 2-43　柱塞泵安装示意图

2.电机或内燃机驱动施肥泵

电动泵类型及规格很多，有从仅供几升的小流量泵到与水表连接能按给定比例注射肥料溶液和供水的各种泵型。因需电源，这些泵适合在固定的场合，如温室或井边使用。因肥料会腐蚀泵体，常用不锈钢或塑料材质制造。用内燃机（含拖拉机）驱动的泵常见的是机载的喷油机泵，泵应是耐腐蚀的，并需配置数百升容积的施肥罐。优点是启动和停机均靠手动操作，便于移动，供水量可以调节等（图 2-44）。

表 2-7　美国 DOSMATIC 国际公司几种型号的施肥泵的技术参数

型号	量小流量 /（升/分钟）	最大流量 /（立方米 /小时）	最小稀释 比例	最大稀释 比例	压力范围 /千帕
A10-2.5％	0.1	2.7	200∶1	40∶1	40～690
A15　4 毫升	0.15	4.5	4000∶1	250∶1	27～600
A30-2.5％	0.9	6.8	500∶1	40∶1	33～690
A30　4 毫升	0.9	6.8	4000∶1	250∶1	33～690
A40-2.5％	1.9	9.1	500∶1	40∶1	22～690
A80-2.5％	3.8	18	500∶1	100∶1	33～690
A120（单注射）	57	27.2	500∶1	100∶1	140～820

图 2-44　内燃机驱动的田间移动施肥泵

第三节
水肥一体化技术的输配水管网

水肥一体化技术中输配水管网包括干管、支管和毛管，由各种管件、连接件和压力调节器等组成，其作用是向果园输水肥和配水肥。

微灌用管道系统分为输配干管、田间支管和连接支管与灌水器的毛管，对于固定式微灌系统的干管与支管以及半固定式系统的干管，由于管内流量较大，常年不动，一般埋于地下，在我国生产实践中应用最多的是硬塑料管（PVC），在这里不再赘述。

一、微灌用的管道

微灌系统的地面用管较多，由于地面管道系统暴露在阳光下容易老化，缩短使用寿命，因而微灌系统的地面各级管道常用抗老化性能较好、有一定柔韧性的高密度聚乙烯管（HDPE），尤其是微灌用毛管，基本上都用聚乙烯管，其规格有 12 毫米、16 毫米、20毫米、25 毫米、32 毫米、40 毫米、50 毫米、63 毫米等，其中 12毫米、16 毫米主要作为滴灌管用。连接方式有内插式、螺纹连接式和螺纹锁紧式 3 种，内插式用于连接内径标准的管道，螺纹锁紧式用于连接外径标准的管道，螺纹连接式用于 PE 管道与其他材质管道的连接（图 2-45）。

二、微灌用的管件

微灌用的管件主要有直通、三通、旁通、管堵、胶垫。直通用于两条管的连接，有 12 毫米、16 毫米、20 毫米、25 毫米等规格（图 2-46）。从结构分类分别有承插直通（用于壁厚的滴灌管）、拉扣直通和按扣直通（用于壁薄的滴灌管）、承插拉扣直通（一端是倒刺另一端为拉扣，用于薄壁与厚壁管的连接）。三通用于 3 条滴

图 2-45 微灌用聚乙烯管材

图 2-46 微灌用聚乙烯管件

灌管的连接，规格和结构同直通。旁通是用于输水管（PE 或 PVC）与滴灌管的连接，有 12 毫米、16 毫米、20 毫米等规格，有承插和拉扣两种结构。管堵是封闭滴灌管尾端的配件，有"8"字形（用于厚壁管）和拉扣形（用于薄壁管）。胶垫通常与旁通一起使用，压入 PVC 管材的孔内，有、然后安装旁通，这样可以防止接口漏水。

第四节
水肥一体化技术的灌水器

灌水器的作用是将灌溉施肥系统中的压力水（肥液）等，通过不同结构的流道和孔口，消减压力，使水流变成水滴、雾状、细流或喷洒状，直接作用于作物根部或叶面。这里主要介绍微灌系统的灌水器。微灌系统的灌水器根据结构和出流形式不同主要有滴头、滴灌管、滴灌带、微喷头四类。其作用是把管道内的压力水流均匀而又稳定地灌到作物根区附近的土壤中。

一、滴头

滴头要求工作压力为 50~120 千帕，流量为 0.6~12 升/小时，滴头应满足以下要求：一是精度高，其制造偏差系数 C_v 值应控制在 0.07 以下；二是出水量小而稳定，受水压变化的影响较小；三是抗堵塞性能强；四是结构简单，便于制造，安装，清洗；五是抗老化性能好，耐用，价格低廉。

滴头的分类方法很多，按滴头的消能方式可分为长流道型滴头、孔口型滴头、涡流型滴头、压力补偿式滴头。

1. 长流道型滴头

长流道型滴头是靠水流在流道壁内的沿程阻力来消除能量，调节出水量的大小，如微管滴头、内螺纹管式滴头等。其中，内螺纹管式滴头利用两端倒刺结构连接于两段毛管中间，本身成为毛管一部分，水流绝大部分通过滴头体腔流向下一段毛管，很少一部分则通过滴头体内螺纹流道流出（图 2-47）。

2. 孔口型滴头

孔口型滴头是通过特殊的孔口结构以产生局部水头损失来消能

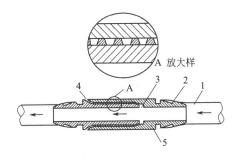

图 2-47　内螺纹管式滴头

1—毛管；2—滴头；3—滴头出水口；4—螺纹流道槽；5—流道

和调节滴头流量的大小。其原理是毛管中有压水流经过孔口收缩、突然变大及孔顶折射 3 次消能后，连续的压力水流变成水滴或细流（图 2-48）。

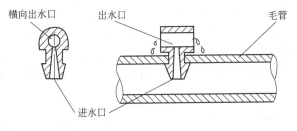

图 2-48　孔口型滴头

3. 涡流型滴头

涡流型滴头的工作原理是当水流进入灌水器的涡流室内时形成涡流，通过涡流达到消能和调节出水量的目的。水流进入涡室内，由于水流旋转产生的离心力迫使水流趋向涡流室的边缘，在涡流中心产生一低压区，使位于中心位置的出水口处压力较低，从而调节出流量（图 2-49）。

4. 压力补偿型滴头

压力补偿型滴头是利用有压水流对滴头内的弹性体产生压力变形，通过弹性体的变形改变过水断面的面积，从而达到调节滴头流

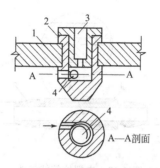

图 2-49　涡流型滴头
1—毛管；2—滴头体；3—出水口；4—涡流室

量的目的（图 2-50），也就是当压力增大时，弹性体在压力作用下会对出流口产生部分阻挡作用，减小过水断面积；而当压力减小时，弹性体会逐渐恢复原状，减小对出流口的阻挡，增大过水断面积，从而使滴头出流量自动保持稳定。一般压力补偿型滴头只有在压力较高时保证出流量不会增加，但当压力低于工作压力时则不会增加滴头流量，因而在滴灌设计时要保证最不利灌溉点的压力满足要求，压力最高处也不能超过滴头的压力补偿范围，否则必须在管道中安装压力调节装置。

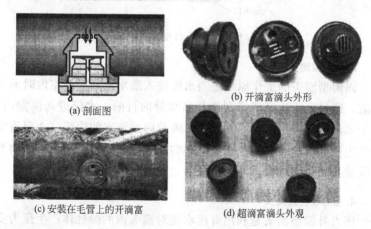

(a) 剖面图　　　　　　　　(b) 开滴富滴头外形

(c) 安装在毛管上的开滴富　　　(d) 超滴富滴头外观

图 2-50　压力补偿型滴头

二、滴灌管

滴灌管是在制造过程中将滴头与毛管一次成型为一个整体的灌水装置，它兼具输水和滴水两种功能。按滴灌管（带）的结构可分为两种，在毛管制造过程中，将预先制造好的滴头镶嵌在毛管内的滴灌管称为内镶式滴灌管。内镶滴管有片式滴灌管和管式滴灌管两种。

1. 片式滴灌管

片式滴灌管是指毛管内部装配的滴头仅为具有一定结构的小片，与毛管内壁紧密结合，每隔一定距离（即滴头间距）装配一个，并在毛管上与滴头水流出口对应处开一小孔，使已经过消能的细小水流由此流出进行灌溉（图2-51、图2-52）。

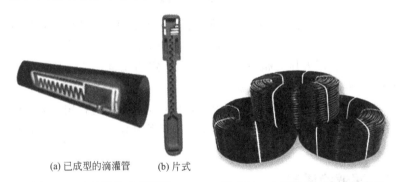

(a) 已成型的滴灌管　　(b) 片式

图 2-51　内镶贴片式滴灌管

图 2-52　内镶贴片式滴灌管成品

2. 管式滴灌管

管式滴灌管是指内部镶嵌的滴头为一柱状结构，根据结构形式又分为紊流迷宫式滴灌管、压力补偿型滴灌管、内镶薄壁式滴灌管和短道迷宫式滴灌管。

（1）紊流迷宫式滴灌管　以欧洲滴灌公司1979年设计生产的冀-2型（GR）最具代表性，该滴头呈圆柱形，用低密度聚乙烯（LDPE）材料注射成型，外壁有迷宫流道，当水流通过时产生紊流，最后水流从对称布置在流道末端的水室上的两个孔流出（图2-53）。

图 2-53 紊流迷宫式滴灌管

（2）压力补偿型滴灌管 是为适应果园中地块直线距离较长且地势起伏大的需要而设计的，它的滴头具有压力自动功能，能在 8～45 米水头工人压力范围内保持比较恒定的流量，有效长度可达 400～500 米。它是在固定流道中，用弹性柔软的材料作为压差调节元件，构成一段横断面可调流道，使滴头流量保持稳定，采用的形式有长流道补偿式、鸭嘴形补偿式、弹片补偿式和自动清洗补偿式等（图 2-54）。

三、薄壁滴灌带

目前国内使用的薄壁滴灌带有两种：一种是在 0.2～1.0 毫米厚的薄壁软管上按一定间距打孔，灌溉水由孔口喷出湿润土壤；另一种是在薄壁管的一侧热合出各种形状的流道，灌溉水通过流道以水滴的形式湿润土壤，称为单翼迷宫式滴灌管（图 2-55）。

滴灌管和滴灌带均有压力补偿式与非压力补偿式两种。

四、微喷头

微喷头是将压力水流以细小水滴喷洒在土壤表面的灌水器。微

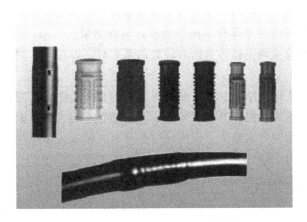

图 2-54　圆柱形压力补偿型滴灌管

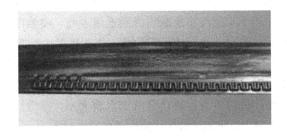

图 2-55　单翼迷宫式滴灌管

喷头的工作压力一般为50～350千帕,其流量一般不超过250升/小时,射程一般小于7米。

较好的微喷头应满足以下基本要求:一是制造精度高。由于微喷头流道尺寸较小,且对流量和喷洒特性的影响较大,因而微喷头的制造偏差 C_v 应不大于0.11。二是微喷头原材料要具有较高的热稳定性和光稳定性。微喷头所使用的材料应具有良好的自润滑性和较好的抗老化性。三是微喷头及配件在规格上要有系列性和较高的可选择性。由于微喷灌是一种局部灌溉,其喷洒的水量分布、喷洒特性、喷灌强度等均由单个喷头决定,一般不进行微喷头间的组合,因而对不同的作物、土壤和地块形状,要求不同喷洒特性的微喷头进行灌水，在同一作物（尤其是果树）的不同生长阶段，对灌水量及喷洒范围等都有不同的要求，因而微喷头要求产品在流量、灌水强度及喷洒半径等方面有较好的系列性，以适应不同作物和不同场合。

微喷头按其结构和工作原理可以分为自由射流式、离心式、折射式和缝隙式4类。其中折射式、缝隙式、离心式微喷头没有旋转部件，属于固定式喷头；射流式喷头具有旋转或运动部件，属于旋转式微喷头。

1. 折射式微喷头

折射式微喷头主要由喷嘴、折射破碎机构和支架3部分构成，如图2-56所示。其工作原理是水流由喷嘴垂直向上喷出，在折射破碎机构的作用下，水流受阻改变方向，被分散成薄水层向四周射出，在空气阻力作用下形成细小水滴喷洒到土壤表面，喷洒图形有全圆、扇形、条带状、放射状水束或呈雾化状态等。折射式微喷头又称为雾化微喷头，其工作压力一般为100～350千帕，射程为1.0～7.0米，流量为30～250升/小时。折射式微喷头的优点是结构简单，没有运动部件，工作可靠，价格便宜；缺点是由于水滴太小，在空气十分干燥、温度高、风力较大且多风的地区，蒸发漂移损失较大。

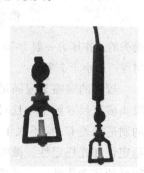

图2-56　折射式微喷头

2. 旋转式微喷头

旋转式微喷头主要由4个部件组成：插杆、接头、微管和喷头

（图2-57）。喷头由喷嘴、支架、转轮3部分组成。微喷头旋转体采用异形喷洒折射体，喷洒折射体的折射曲面是组合双曲面，其工作原理是压力水流从喷嘴喷出后，呈线状束流射出，进入转轮的导流槽内，水流经转轮的组合双曲面的导流、折射，产生向后的推力，推动转轮高速旋转，折射后的水流沿转轮旋转的切向方向以一定的仰角射出并粉碎，在其有效射程之内均匀地喷洒，使以旋转轴为心的圆形区域内水量喷洒满足均匀度要求。旋转式微喷头工作压力一般为200～300千帕，射程为2.0～4.0米，流量为30～100升/小时。在蔬菜、果园、苗圃以及花卉等经济作物的灌溉中得到了广泛的应用。

图2-57　旋转式微喷头

3. 离心式微喷头

离心式微喷头主要由喷嘴、离心室和进水口接头构成（见图2-58、图2-59）。其工作原理是：压力水流从切线方向进入离心室，绕垂直轴旋转，通过离心室中心的喷嘴射出，在离心力的作用下呈水膜状，在空气阻力的作用下水膜被粉碎成水滴散落在微喷头四周。离心式喷头具有结构简单、体积小、工作压力低、雾化程度高、流量小等特点。喷洒形式一般为全圆喷洒，由于离心室流道尺寸可设计得比较大，减少了堵塞的可能性，从而对过滤的要求较低。

4. 缝隙式微喷头

缝隙式微喷头一般由两部分组成，下部是底座，上部是带有缝

图 2-58 可调式离心式微喷头

图 2-59 离心式微喷头结构

隙的盖，如图 2-60。其工作原理是水流从缝隙中喷出的水舌，在空气阻力作用下，裂散成水滴的微喷头，缝隙式微喷头从结构来说实际上也是折射式微喷头，只是折射破碎机构与喷嘴距离非常近，形成一个缝隙。

5. 射流式微喷头

射流式微喷头又称为旋转式微喷头，主要由折射臂支架、喷嘴和连接部件构成，如图 2-61。其工作原理是压力水流从喷嘴喷出后，集中成一束，向上喷射到一个可以旋转的单向折射臂上，折射臂上的流道开关不仅改变了水流的方向，使水流按一定喷射仰角喷出，而且还使喷射出的水舌对折射臂所产生反作用力，对旋转轴形成一个力矩，使折射臂作快速旋转，进行旋转喷洒，故此类微喷头一

6006-6010 WFT110
联接尺寸:1/2″(1英寸的 1/2)
工作压力 $P=100\sim300$kPa
流量 $Q=21\sim408$L/h
喷嘴距离 $D=1.4\sim6.8$m

图 2-60　缝隙式微喷头

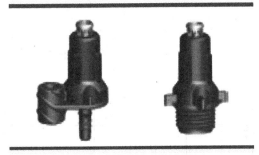

图 2-61　射流式微喷头

般均为全圆喷洒。射流式微喷头的工作压力一般为 100～200 千帕，喷洒半径较大，为 1.5～7.0 米，流量为 45～250 升/小时，灌水强度较低，水滴细小，适合于果园、茶园、苗圃、蔬菜、城市园林绿地等灌溉。但由于有运动部件，加工精度要求较高，并且旋转部件容易磨损，大田应用时由于受太阳光照射容易老化，致使旋转部分运转受影响。因此，此类微喷头的主要缺点的使用寿命较短。

五、灌水器的结构参数和水力性能参数

结构参数和水力性能参数是微灌灌水器的两个主要技术参数。结构参数主要指灌水器的几何尺寸，如流道或孔口的尺寸、流道长度及滴灌带的直径和壁厚等。水力性能参数主要指灌水器的流量、

工作压力、流态指数、制造偏差系数，对于微喷头还包括射程、喷灌强度、水量分布等。表 2-8 列出了各类微灌水器的结构与水力性能参数。

表 2-8 微灌水器技术参数

灌水器种类	结构参数					水力性能参数				
	流道或孔口直径/毫米	流道长度/厘米	滴头或孔口间距/厘米	带管直径/毫米	带管壁厚/毫米	工作压力/千帕	流量/(升/小时)或[升/(小时·米)]X	流态指数X	制造偏差C_v	射程/米
滴头	0.5～1.2	30～50				50～100	1.5～12	0.5～1.0	<0.07	
滴灌带	0.5～0.90	30～50	30～100	10～16	0.2～1.0	50～100	1.5～30	0.5～1.0	<0.07	
微喷头	0.6～2.0					70～200	20～250	0.5	<0.07	0.5～4.0
涌水器	2.0～4.0					40～100	80～250	0.5～0.7	<0.07	
渗灌管（带）				10～20	0.9～1.3	40～100	2～5	0.5	<0.07	
压力补偿型								0～0.5	<0.15	

注：1. 渗灌管（带）出流量以升/（小时·米）计，其余流量以升/小时计。

2. 各种灌水器都有压力补偿型，其参数均适用，通常 $X<0.3$ 为全补偿，其余为部分补偿。

3. C_v 值是我国行业标准 SL/T67.1—94 的规定。

第三章 水肥一体化技术的规划设计

要做好、用好水肥一体化技术，使果树增产增收，前期的规划设计非常重要，正确合理的设计方案。合理的设计规划，能使项目建成以后，在实际使用和后续维护中达到最优组合能在同等使用效果的前提下，节约首次投资和维护的成本，方便实用。

第一节 水肥一体化技术的信息采集与设计

为了使规划设计达到预期效果，设计决策要慎重，目前一般请有专业节水灌溉技术和丰富实践经验的单位设计，最好到已建成的项目安全实地考察了解为妥。

一、项目实施单位信息采集

设计单位需要对项目实施单位进行一些必要的沟通了解，信息采集是设计的前提条件。

1. 用户基本参数

首先，要了解实施单位计划栽培的果树品种以及种植面积，因为不同的果树对水肥的需求不一样，在设计中需要作适当调整；其次，要了解实施单位的种植形式。目前种植形式有多种：一种是以公司股份制形式规模经营的，一种是独资规模经营的，一种是以多家种植户的合作社形式，统一平台，多家生产组合的，还有的是自己较小面积生产。这些信息关系到管网布局和灌溉方案的确定，不同的经营模式，其生产管理方式有所不同，水肥一体化设计要根据栽培管理模式并结合设计原则来确定，这样才能做到水肥一体化设施投资经济实惠，使用便捷又高效。

2. 实施单位投资意向

在水肥一体化的项目实施过程中，投资者文化技术水平有差异，不同用户有不同的科技意识和不同的投资意向，但是一般需求目标都比较明确，在沟通过程中，设计者要对投资人详细介绍设计理念，并给出适当建议。

（1）科技项目示范型　近几年国家对农业扶持的力度很大，有很多的水肥项目都配套到农业建设项目中，从而进一步提高农业科技项目的经济效益。地方政府职能部门的科技项目有较充足的项目奖金，要求项目建成后有科技示范推广作用，更要体现其技术的先进性和领先性。既要考虑应用推广效果，又要考虑"门面"效应。在这种设计过程中，就要讲究设备布局的美观，细节的把握，设计的科学性，要严格按照国家或行业的标准进行设计规划，做到合理规范。

（2）增产型　有很多农户，有了多年的种植技术和市场经济后，开始寻求更大的发展，谋略扩大种植面积，创立自己的品牌，实现升级。规模较大的农场必须要较大的投资，利用水肥一体化设施可以有效地降低工程造价，提高经济效益。这种以农场为经营模式的设计，要体现大农业的效率，做到统一管理，方便操作，设备使用寿命长，后续维护费用低，使用技术简单实用，受配药和肥料浓度等技术性因素影响小，使用者容易接受，而且要求能安全生产。

（3）省工型　有些种植户栽培面积不大（10～20亩不等），一般投资者自己为主要劳动力，偶尔请临时工帮忙。由于这几年临时工工资上涨，用工成本增加，安装水肥一体化设施的主要目的是为了减少劳动力。这种设计要简单化，尽可能降低成本，设备操作简单，性能稳定。划分轮灌区的原则是，尽量在 1～2 天之内完成施肥就可以。

二、田间数据采集

1. 电源条件及动力资料

田间现场电源是决定水肥一体化技术首部设备选型的必备条件。首先要向用户了解并查看项目实施现场或附近有无可用电源，再确定是 220 伏还是 380 伏，电压是否正常，离水泵的距离等。如果没有电源可用，就要考虑汽油泵之类的功率；如果没有 380 伏电源，就要考虑 220 伏水泵参数值范围。

动力资料包括现有的动力、电力及水利机械设备情况（如电动机、柴油机、变压器）、电网供电情况、动力设备价格、电费和柴油价格等。要了解当地目前拥有的动力及机械设备（拖拉机、柴油机、电动机、汽油器、变压器等）的数量、规格和使用情况，了解输变电线路和变压器数量、容量及现有动力装机容量等。

2. 气候、水源条件

当地气候情况（如降水量等）因素决定水源的供水量，因此，在规划之前就应详细了解当地的气候状况，包括年降水量及分配情况、多年平均蒸发量、月蒸发量、平均气温最高气温、最低气温、湿度、风速、风向、无霜期、日照时间、平均积温、冻土层深度等。

河流、水库、机井等均可作为滴灌水源，但滴灌对水质要求很高，选择滴灌水源时，首先应分析水源种类（井、河、库、渠）、可供水量及年内分配、水资源的可开发程度，并对水质进行分析，以了解水源的泥沙、污物、水生物、含盐量、悬浮物情况和 pH 大小，以便针对水源的水质情况，采取相应的过滤措施，防止滴灌系统堵塞，水中杂质的种类不同，其过滤设备及级数不同。

另外，要了解可用水源与田间现场间的距离，考虑是否需要分级供应，而且取水点距离影响干管的口径设计。

3. 土壤、地形资料

在规划之前要搜集实施地点的地质资料，包括土壤类别及容重、土层厚度、土壤pH、田间持水量、饱和含水量、永久凋萎系数、渗透系数、土壤结构及肥力（有机质含量、养分含量）等情况和氮、磷、钾含量、地下水埋深和矿化度。对于盐碱地还包括土壤盐分组成、含盐量、盐渍化及次生盐碱化情况。

实施地点的地形特点也很重要，要掌握实施地区的经纬度、海拔高度、自然地理特征等基本资料，绘制总体灌区图、地形图，图上应标明灌区内水源、电源、动力、道路等主要工程的地理位置。

4. 田间测量

田间测量是一个重要的环节，测量数据尽量准确详细，为下一步设计提供重要依据。要标清项目实施地的边界线，线内的道路沟渠布局，田间水沟宽和路宽都要测量。如果有大棚设施，把每个大棚编号，标明朝向、大棚间隔等。

此外，也要收集灌区种植作物的种类、品种、栽培模式、种植比例，株行距、种植方向、日最大耗水量、生长期、耕作层深度、轮作倒茬计划、种植面积、种植分布图、原有的高产农业技术措施、产量及灌溉制度等。

三、绘制田间布局图

依照田间测量的参数，综合上述用户意愿，选择合适的水肥一体化设施类型，绘制田间布局图和管网布局图（图3-1）。根据灌水器流量和每路管网的长度，计算建立水力损失表，分配干管、主管、支管的管径，结合水泵的功率等参数，确定并分好轮灌区，并在图上对管道和节点等编号，对应编号数值列表备查。最后配置灌溉首部设备和施肥设备。

四、造价预算

综合上述结果，列出各部件清单，根据市场价格给出造价预算

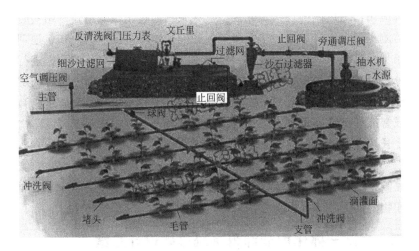

图 3-1 田间布局示意图

单。把预算结果提供给用户，通过双方实际情况再进行优化修改，定稿。一般来说，单位面积越大，每亩工程造价就越大；面积越小，每亩造价越低。主要原因是管网的长度和管径影响了造价。

第二节
水肥一体化智能灌溉系统设计

　　水资源问题不仅仅是资源问题，更是关系到国家经济、社会可持续发展和长治久安的重大战略问题。采用高效的智能化节水灌溉技术不但能够有效缓解用水压力，同时也是发展精细农业和实现现代化农业的要求。基于物联网技术的智能化灌溉系统可实现灌溉的智能化管理。

一、水肥一体化智能灌溉系统概述

　　基于物联网的智能化灌溉系统，涉及传感器技术、自动控制技术、数据分析和处理技术、网络和无线通信技术等关键技术，是一种应用潜力广阔的现代农业设备。该系统通过土壤墒情监测站实时监测土壤含水量数据，结合示范区的实际情况（如灌溉面积、地理条件、种植作物种类的分布、灌溉管网的铺设等）对传感数据进行分析处理，依据传感数据设置灌溉阀值，进而通过自动、定时或手动等不同方式实现水肥一体化智能灌溉。中心站管理员可通过电脑或智能移动终端设备，登录系统监控界面，实时监测示范区内作物生长情况，并远程控灌溉设备（如固定式喷灌机等）。

基于物联网的智能化灌溉系统，能够实现示范区的精准和智能灌溉，可以提高水资源利用率，缓解水资源日趋紧张的矛盾，增加作物的产量，降低作物成本，节省人力资源，优化管理结构。

二、水肥一体化智能灌溉系统总体设计方案

1. 水肥一体化智能灌溉系统总体设计目标

智能化灌溉系统实现对土壤含水量的实时采集，并以动态图形的形式在管理界面上显示。系统依据示范区内灌溉管道的布设情况及固定式喷灌机的安装位置，预先设置相应的灌溉模式（包含自动模式、手动模式、定时模式等），进而通过对实时采集的土壤含水量值和历史数据的分析处理，实现智能化控制。系统能够记录各个区域每次灌溉的时间、灌溉的周期和土壤含水量的变化，有历史曲线对比功能，并可向系统录入各区域内作物的配肥情况、长势、农药的喷洒情况以及作物产量等信息。系统可通过管理员系统分配使用权限，对不同的用户开放不同的功能，包括数据查询、远程查看、参数设置、设备控制和产品信息录入等功能。

2. 水肥一体化智能灌溉系统架构

系统布设土壤墒情监测站和远程设备控制系统、智能网关和摄像头等设备，实现对示范区内传感数据的采集和灌溉设备控制功能；示范区现场通过 2G/3G 网络和光纤实现与数据平台的通信；数据平台主要实现环境数据采集、阈值告警、历史数据记录、远程控制、控制设备状态显示等功能；数据平台进一步通过互联网实现

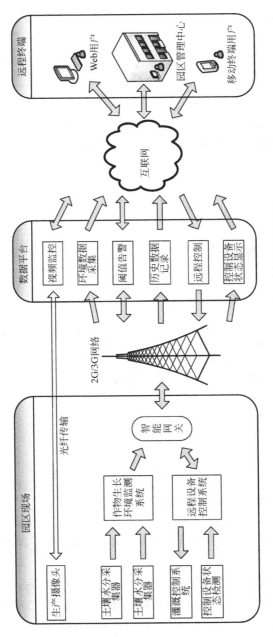

图 3-2 水肥一体化智能灌溉系统整体结构图

与远程终端的数据传输；远程终端实现用户对示范区的远程监控（图3-2）。

依据灌溉设备以及灌溉管道的布设和区域的划分，布设核心控制器节点，通过ZigBee网络形成一个小型的局域网，通过GPRS实现设备定位，然后再通过嵌入式智能网关连接到2G/3G网络的基站，进而将数据传输到服务器。摄像头视频通过光纤传输至服务器，服务器通过互联网实现与远程终端的数据传输（图3-3）。

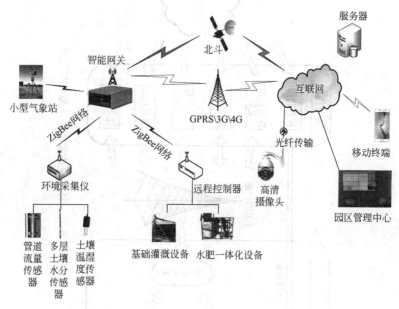

图3-3　水肥一体化智能灌溉系统实现框图

3. 水肥一体化智能灌溉系统组成

智能化灌溉系统可分为6个子系统：作物生长环境监测系统、远程设备控制系统、视频监测系统、通信系统、服务器和用户管理系统。

（1）作物生长环境监测系统　作物生长环境监测系统主要为土壤墒情监测系统（土壤含水量监测系统）。土壤墒情监测系统是根据示范区的面积、地形及种植作物的种类，配备数量不等的土壤水分传感器，以采集示范区内土壤含水量，将采集到的数据进行分析处理，并通过嵌入式智能网关发送到服务器。示范区用户根据种植作物的实际需求，以采集到的土壤墒情（土壤含水量）参数为依据实现智能化灌溉。通过无线网络传输数据，在满足网络通信距离的范围内，用户可根据需要调整采集器的位置。

（2）远程设备控制系统 远程设备控制系统实现对固定式喷灌机以及水肥一体化基础设施的远程控制。预先设置喷灌机开闭的阈值，根据实时采集到的土壤含水量数据，生成自动控制指令，实现自动化灌溉功能。也可通过手动或者定时等不同的模式实现喷灌机的远程控制。此外，系统能够实时检测喷灌机的开闭状态。

（3）视频监测系统 视频监测系统实现对示范区关键部位的可视化监测，根据示范区的布局安置高清摄像头，一般安装在作物的种植区内和固定式喷灌机的附近，视频数据通过光纤传输至监控界面，园区管理者可通过实时的视频，查看作物生长状态及灌溉效果。

（4）通信系统 如果域范围往往比较广阔，地形复杂，有线通信难度较大。本系统拟采用 ZigBee 网络实现示范区内的通信。ZigBee 网络可以自主实现自组网、多跳、就近识别等功能，该网络的可靠性好，当现场的某个节点出现问题时，其余的节点会自动寻找其他最优路径，不会影响系统的通信链路。

ZigBee 通信模块转发的数据最终汇集于中心节点，进行数据的打包压缩，然后通过嵌入式智能网关发送到服务器。

（5）服务器 服务器为一个管理数据资源并为用户提供服务的计算机，具有较高的安全性、稳定性和处理能力，为智能化灌溉系统提供数据库管理服务和 Web 服务。

（6）用户管理系统 用户可通过个人计算机和手持移动设备，通过 Web 浏览器登录用户管理系统。不同的用户需要分配不同的权限，系统会对其开放不同的功能。例如，高级管理员一般为示范区相关主要负责人，具有查看信息、对比历史数据、配置系统参数、控制设备等权限；一般管理员为种植管理员、采购和销售人员等，具有查看数据信息、控制设备、记录作物配肥信息和出入库管理等权限；访问者为产品消费者和政府人员等，具有查看产品生长信息、园区作物生长状况等权限。用户管理系统安装在园区的管理中心，具体设施包括用户管理系统操作平台，可供实时查看示范区作物生长情况。

4. 水肥一体化智能灌溉系统功能

智能化灌溉系统能实现如下功能：环境数据的显示查看及分析处理、智能灌溉、作物生长记录、产品信息管理等。

（1）环境数据的显示查看及分析处理　一是环境数据的显示查看。在系统界面上能显示各个土壤墒情采集点的数据信息，可设定时间刷新数据。数据显示类型包含实时数据和历史数据，能够查看当前实时的土壤水分含量和任意时间段的土壤水分含量（如：每月或当天示范区土壤的墒情数据）；数据显示方式包含列表显示和图形显示，可以根据相同作物的不同种植区域或相同区域不同时间段的数据进行对比，以曲线、柱状图等形式出现。二是环境数据的分析处理。根据采集到的土壤水分含量，结合作物实际生长过程中对土壤水分含量的具体需求，设置作物的打开灌溉阀门的水分含量阈值；依据不同作物对土壤水分含量的需求，设定灌溉时间、灌溉周期等。

（2）智能灌溉　本系统可实现三种灌溉控制方式：按条件定时定周期灌溉、多参数设定灌溉和人工远程手动灌溉等。一是按条件定时定周期灌溉：根据不同区域的作物种植情况任意分组，进行定时定周期灌溉。二是多参数设定灌溉：对不同作物设定适合其生长的多参数的上限与下限值，当实时的参数值超出设定的阈值时，系统就会自动打开相对应区域的电磁阀，对该区域进行灌溉，使参数值稳定在设定数值内。三是人工手动：管理员可通过管理系统，手动进行远程灌溉操作。

（3）作物生长记录　通过数据库记录各个区域的环境数据、灌溉情况、配肥信息、作物长势以及产量等信息。

（4）产品信息管理　园区管理员录入各区域内作物的配肥情况、长势、农药的喷洒情况、产品产量质量、产品出入库管理、仓库库存状况以及农作物产品的品级分类等信息。

5. 水肥一体化智能灌溉系统特点

本系统采用了扩展性的设计思路，在设计架构上注重考虑系统的稳定性和可靠性。整个系统由多组网关及 ZigBee 自组织网络单元组成。每个网关作为一个 ZigBee 局域网络的网络中心，该网络中包含多个节点，每一个节点由土壤水分采集仪或远程设备控制器组成，分别连接土壤水分传感器和固定式喷灌机。本系统可以根据用户的需求，方便快速地组建智能灌溉系统。用户只需增加各级设备的数量，即可实现整个系统的扩容，原有的系统结构无需改动。

6. 水肥一体化智能灌溉系统设计

（1）系统布局　由于本系统的通信子模块采用具有结构灵活、自组网络、就近识别等特点的 Zigbee 无线局域网络，对于土壤湿度传感器的控制器节点的布设相对灵活。根据园区种植作物种类的不同及各种作物对土壤含水量需求的不同，布设土壤湿度传感器。根据园区内铺设的灌溉管道、固定式喷灌机位置及作物的分时段、分区域供水需要安装远程控制器设备（每套远程控制器设备包括核心控制器、无线通信模块、若干个控制器扩展模组及其安装配件），每套控制器设备依据就近原则安装在固定式喷灌机旁，实现示范区灌溉的远程智能控制功能；此外，通过控制设备自动检测固定式喷灌机开闭状态信号及视频信号，远程查看实时掌握灌溉设备的开闭状态。

在项目的实施中，根据示范区的具体情况（包括地理位置、地理环境、作物分布、区域划分等）安装墒情监测站。远程控制设备后期需要安装在灌溉设备的控制柜旁，通过引线的方式实现对喷灌机包括水肥一体化基础设施的远程控制。

（2）网络布局　土壤墒情监测设备和远程控制器设备分别内置 ZigBee 模块和 GPRS 模块，都作为通信网络的节点。嵌入式智能网关是一定区域内的 ZigBee 网络的中心节点，共同组成一个小型的局域网络，实现园区相应区域的网络通信，并通过 2G/3G 网络实现与服务器的数据传输。

该系统均采用无线传输的通信方式，包括 ZigBee 网络传输及GPRS 模块定位。由于现场地势平坦，无高大建筑物或其他东西遮挡，因此具备无线传输的条件。

7. 水肥一体化智能灌溉系统主要设备

水肥一体化智能灌溉系统主要设备见表 3-1。

表 3-1 水肥一体化智能灌溉系统主要设备

序号	分类	名称	技术参数要求
一、大田物联网控制系统			
1	远程控制部分	远程控制器	(1)最大输入通道:48 路 (2)最大输出通道:48 路 (3)控制响应:≤2 秒 (4)无响应:<2 次 (5)功耗:≤3 瓦
			(1)无线通信距离:≤200 米 (2)响应时间:≤50 毫秒 (3)串口通信距离:≤20 米
			(1)ZigBee 组网容量:255 个节点 (2)功耗:0.25 瓦 (3)GPRS 通信模块
			不锈钢,(物联网专用定制)
		控制扩展器	(1)开关量输入通道:2 路 (2)电流检测通道:6 路 (3)继电器输出通道:8 路
		模块防水电源	(1)输入:AC 220 伏 (2)输出:DC 12 伏/900 毫安 (3)效率:90% (4)接线式封装
二、远程查看部分			
2	远程查看部分	高清枪机	200 万,阵列红外 50 米,IP66,背光补偿,数字宽动态,ROI(物联网专用定制)
		核心交换机	(1)千兆以太网交换机 (2)传输速率 10/100/1000 兆比特/秒 (3)背板带宽 48 千兆/秒 (4)包转发率 35.71 百万包/秒

续表

序号	分类	名称	技术参数要求
2	远程查看部分	硬盘录像机	(1)32 路 200 兆接入带宽 (2)2U 普通机箱 (3)8 个 SATA 接口 (4)1 个 HDMI、1 个 VGA 接口 (5)2 个 USB2.0 接口，1 个 USB3.0 接口 (6)2 个千兆网口 (7)6 路 1080 位解码，支持 600 瓦高清视频解码 (8)支持智能 SMART 接入，支持智能侦测后检索、智能回放、备份等
		控制平台	(1)Intel Core i3 (2)内存大小 2GB (3)硬盘容量 500GB
		摄像机支架	室内固定、加臂长
		立杆	地笼加立杆 3 米高
		硬盘	监控专用硬盘
		无线网桥	
		辅助材料	水晶头、网线、插排、包扎谷、螺丝、铁丝、终端盒、电源线等辅材

三、管理部分

序号	分类	名称	技术参数要求
3	现代农业智能管理	物联网管理平台	Intel i5、4G 内存、1TB 硬盘、独显、22 寸显示器、质保 3 年
			含有各个系统的电脑及移动终端客户端，软件终身免费维护升级及后期管理

四、显示部分

序号	分类	名称	技术参数要求
4	大屏显示部分	46 寸液晶拼接屏	(1)国产原装液晶 A＋面板 (2)LED 直下式背光源 (3)分辨率：1920×1080 (4)屏幕对角线：46″ (5)高亮度：500 坎德拉/平方米 (6)高对比度：3000∶1 (7)拼缝：≤6.3 毫米 (8)支持多种高清信号输入输出
		内置拼接器	支持单屏、全屏显示相同或不同画面
		HDMI 分配器	1 路 HDMI 输入，9 路 HDMI 输出
		线材	国标（定制）
		拼接墙支架	金属烤漆，纯钢质结构(9 孔)

第四章 水肥一体化技术的设备安装与调试

水肥一体化技术的设备安装主要包括首部设备安装、管网设备安装和微灌设备安装等环节。

第一节
首部设备安装与调试

一、负压变频供水设备安装

负压变频供水设备安装处应符合控制柜对环境的要求，柜前后应有足够的检修通道，进入控制柜的电源线径、控制柜前级的低压柜的容量应有一定的余量，各种检测控制仪表或设备应安装于系统贯通且压力较稳定处，不应对检测控制仪表或设备产生明显的不良影响。如安装于高温（高于45℃）或具有腐蚀性的地方，在签订订货单时应作具体说明。在已安装时发现安装环境不符合时，应及时与原供应商取得联系进行更换。

水泵安装应注意进水管路无泄漏，地面应设置排水沟，并应设置必需的维修设施。水泵安装尺寸见各类水泵安装说明书。

二、离心自吸泵安装

1. 安装使用方法

第一步，建造水泵房和进水池，泵房占地 3 米×5 米以上，并安装一扇防盗门，进水池 2 米×3 米。

第二步，安装 ZW 型卧式离心自吸泵，进水口连接进水管到进水池底部，出口连接过滤器，一般两个并联。外装水表、压力表及排气阀（排气阀安装在出水管墙外位置，水泵启停时排气阀会溢水，保持泵房内不被水溢湿）。

第三步，安装吸肥管，在吸水管三通处连接阀门，再接过滤器，过滤器与水流方向要保持一致，连接钢丝软管和底阀。

第四步，施肥桶可以配 3 只左右，每只容量 200 升左右，通过吸肥管分管分别放进各肥料桶内，可以在吸肥时，把不能同时混配的肥料分桶吸入，在管道中混合。

第五步，施肥浓度，根据进出水管的口径，配置吸肥管的口径，保持施肥浓度在 5%～7%。通常 4″进水管，3″出水管水泵，配 1″吸肥管，最后施肥浓度在 5%左右。肥料的吸入量始终随水泵流量大小而改变，而且保持相对稳定的浓度。田间灌溉量大，即流量大，吸肥速度也随之增加，反之，吸肥速度减慢，始终保持浓度相对稳定。

2. 注意事项

施肥时要保持吸肥过滤器和出水过滤器畅通，如遇堵塞，应及时清洗；施肥过程中，当施肥桶内肥液即将吸干时，应及时关闭吸肥阀，防止空气进入泵体产生气蚀。

三、潜水泵安装

1. 安装方法

拆下水泵上部出水口接头，用法兰连接止回阀，止回阀箭头指向水流方向。管道垂直向上伸出池面，经弯头引入泵房，在泵房内与过滤器连接，在过滤器前开一个 DN20 施肥口，连接施肥泵，前后安装压力表。水泵在水池底部需要垫高 0.2 米左右，防止淤泥堆积，影响散热。

2. 施肥方法

第一步，开启电机，使管道正常供水，压力稳定。第二步，开启施肥泵，调整压力，开始注肥，注肥时需要有操作人员照看，随时关注压力变化及肥量变化，注肥管压力要比出水管压力稍大一些，保证能让肥液注进出水管，但压力不能太大，以免引起倒流，肥料注完后，再灌 15 分钟左右的清水，把管网内的剩余肥液送到作物根部。

四、山地微蓄水肥一体化

山地微蓄施肥一体化技术是利用山区自然地势高差获得输水压力，对地势相对较低的田块进行微灌，即将"微型蓄水池"和"微型滴灌"组合成"微蓄微灌"。其方法是：在田块上坡（即地势较高处）建造一定容积的蓄水池，利用自然地势高差产生水压，以塑料输水管把水输送到下部田块，通过安装在田间的出水均匀性良好的滴灌管，把水均匀准确地输送到植株根部，形成自流灌溉。这种方式不需要电源和水泵等动力的配置，适合山区半山区以及丘陵地带的果园的灌溉。水池出水口位置直接安装过滤器及排气阀等设备，然后连接管网将灌溉水肥输送到植物根部。

山地水肥一体化技术的使用，每年每亩可以节约用工 15 个以上，果树增产 15% 以上，畸形果下降 8% 左右。水肥一体可以使肥料全部进入土壤耕作层中，减少了肥料浪费流失及表面挥发，能节肥 15% 以上。

山地水肥一体化技术首部设备主要由引水池、沉沙池、引水管、蓄水池、总阀门、过滤器以及排气阀等组成（图 4-1）。这种首部设置简单、安全可靠，如果过滤器性能良好，在施肥过程中基本不需要护理。

引水池、沉沙池起到初步过滤水源蓄水的作用，将水源中的泥沙、枝叶等进行拦截。引水管是将水源中的水引到蓄水池的管道，引水管埋在地下 0.3～0.4 米为宜，防止冻裂和人为破坏。如果管路超过 1 千米，且途中有起伏坡地，需要在起伏高处设置排气阀，防止气阻。

蓄水池与灌溉地的落差应在 10～15 米，蓄水池大小根据水源

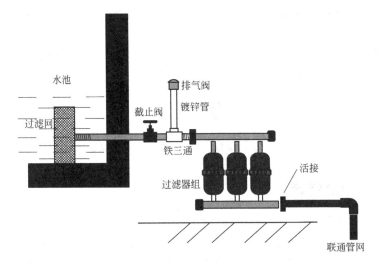

图 4-1　山地水肥一体化首部结构示意图

大小、需灌溉面积确定，一般以 50～120 立方米为宜。蓄水池建造质量要求较高，最好采用钢筋混凝土结构，池体应深埋地下，露出地面部分以不超过池体的 1/3 为宜。建池时，预装清洗阀、出水阀和溢水口，特别注意要在建造蓄水池的同时安装，使其与水池连成一体，不能在事后打孔安装，否则容易漏水。顶部加盖留维修口，以确保安全。

　　过滤器安装在出水阀处，最好同时安装 2 套为一组的过滤器，方便清洗。施肥池也可以用施肥桶代替，容积约 1～2 立方米，连接出水管。

　　在实践中，有两种施肥方式适合山地水肥一体化技术。一是直接施肥。在肥量和供水量确定的情况下，可以根据水池蓄水量，按照施肥浓度加入易于溶解的肥料。肥料需要事先在小桶中搅拌至充分溶解，滤除残渣，倒入蓄水池中再均匀混合，灌溉时打开各处阀门，肥液直接流到作物根部。在施肥完成后，用清水充入管道 15 分钟左右，把灌水器及管道内的剩余肥液冲洗干净，防止肥液结晶堵塞滴头。二是压差施肥。在稍高于蓄水池最高液面处，放置施肥桶，用施肥管连接出水管，并将施肥口开在过滤器的前面，使肥液经过过滤器去杂质，灌溉时打开出水管总阀，再打开施肥阀，让饱和肥液与灌溉水在管道内混合均匀后经各级管网输送到作物区，施肥完成后，再用清水冲管即可。

第二节
管网设备安装与调试

一、平地管网

在水肥一体化设施建设过程中，除了选择合适的首部设备，还需要布局合理、经济实用的供水管网。近几年塑料管业飞速发展，品质日趋成熟，塑料管道以价廉质优的优势代替镀锌管道。目前，灌溉管网的建设，大多采用塑料管道，其中应用最广的有聚氯乙烯（PVC）和聚乙烯（PE）管材管件，其中 PVC 管需要用专用胶水黏合，PE 管需要热熔连接。

1. 开沟挖槽及回填

（1）开挖沟槽　铺设管网的第一步是开沟挖槽，一般沟宽 0.4 米、深 0.6 米左右，呈 U 形，挖沟要平直，深浅一致，转弯处以 90°和 135°处理。沟的坡面呈倒梯形，上宽下窄，防止泥土坍塌导致重复工作。在适合机械施工的较大场地，可以用机械施工，在田间需要人工作业（图 4-2）。

图 4-2　开挖沟槽

开挖沟槽时，沟底设计标高上下 0.3 米的原状土应予保留，禁止扰动，铺管前用人工清理，但一般不宜挖于沟底设计标高以下，如局部超挖，需用沙土或合乎要求的原土填补并分层夯实，要求最后形成的沟槽底部平整、密实、无坚硬物质。

① 当槽底为岩石时，应铲除到设计标高以下不小于 0.15 米，挖深部分用细沙或细土回填密实，厚度不小于 0.15 米；当原土为盐类时，应铺垫细沙或细土。

② 当槽底土质极差时，可将管沟挖得深一些，然后在挖深的管底用沙填平、用水淹没后再将水吸掉（水淹法），使管底具有足够的支撑力。

③ 凡可能引起管道不均匀沉降地段，其地基应进行处理，并可采取其他防沉降措施。

开挖沟槽时，如遇有管线、电缆时加以保护，并及时向相关单位报告，及时解决处理，以防发生事故造成损失。开挖沟槽土层要坚实，如遇松散的回填土、腐殖土或石块等，应进行处理，散土应挖出，重新回填，回填厚度不超过 20 厘米时进行碾压，腐殖土应挖出换填砂砾料，并碾压夯实，如遇石块，应清理出现场，换填土质较好的土回填。在开挖沟槽过程中，应对沟槽底部高程及中线随时测控，以防超挖或偏位。

（2）回填　在管道安装与铺设完毕后回填，回填的时间宜在一昼夜中气温最低的时刻，管道两侧及管顶以上 0.5 米内的回填土，不得含有碎石、砖块、冻土块及其他杂硬物体。回填土应分层夯实，一次回填高度宜 0.1～0.15 米，先用细沙或细土回填管道两侧，人工夯实后再回填第二层，直至回填到管顶以上 0.5 米处，沟槽的支撑应在保证施工安全情况下，按回填依次拆除，拆除竖板后，应以沙土填实缝隙。在管道或试压前，管顶以上回填土高度不宜小于 0.5 米，管道接头处 0.2 米范围内不可回填，以使观察试压时事故情况。管道试压合格后的大面积回填，宜在管道内充满水的情况下进行。管道敷设后不宜长时间处于空管状态，管顶 0.5 米以上部分的回填土内允许有少量直径不大于 0.1 米的石块。采用机械回填时，要从管的两侧同时回填，机械不得在管道上方行驶。规范操作能使地下管道更加安全耐用。

2. PVC管道安装

与PVC管道配套的是PVC管件，管道和管件之间用专用胶水黏接，这种胶水能把PVC管材、管件表面溶解成胶状，在连接后物质相互渗透，72小时后即可连成一体。所以，在涂胶的时候应注意胶水用量，不能太多，过多的胶水会沉积在管道底部，把管壁部分溶解变软，降低管道应力，在遇到水锤等极端压力的时候，此外最容易破裂，导致维修成本增高，还影响农业生产。

（1）截管　施工前按设计图纸的管径和现场核准的长度（注意扣除管、配件的长度）进行截管。截管工具选用割刀、细齿锯或专用断管机具；截口端面平整并垂直于管轴线（可沿管道圆周作垂直管轴标记再截管）；去掉截口处的毛刺和毛边并磨（刮）倒角（可选用中号砂纸、板锉或角磨机），倒角坡度宜为15°~20°，倒角长度约为1.0毫米（小口径）或2~4毫米（中、大口径）。

管材和管件在黏合前应用棉纱或干布将承、插口处黏接表面擦拭干净，使其保持清洁，确保无尘沙与水迹。当表面沾有油污时需用棉纱或干布蘸丙酮等清洁剂将其擦净。棉纱或干布不得带有油腻及污垢。当表面黏附物难以擦净时，可用细砂纸打磨。

（2）黏接

① 试插及标线。黏接前应进行试插以确保承、插口配合情况符合要求，并根据管件实测承口深度在管端表面划出插入深度标记（黏接时需插入深度即承口深度），对中、大口径管道尤其需注意。

② 涂胶。涂抹胶水时需先涂承口，后涂插口（管径≥90毫米的管道承、插面应同时涂刷），重复2~3次，宜先环向涂刷再轴向涂刷，胶水涂刷承口时由里向外，插口涂刷应为管端至插入深度标记位置，刷胶纵向长度要比待黏接的管件内孔深度要稍短些，胶水涂抹应迅速、均匀、适量，黏接时保持黏接面湿润且软化。涂胶时应使用鬃刷或尼龙刷，刷宽应为管径的1/3~1/2，并宜用带盖的

敞口容器盛装，随用随开。

③ 连接及固化。承、插口涂抹溶接剂后应立即找正方向将管端插入承口并用力挤压，使管端插入至预先划出的插入深度标记处（即插至承口底部），并保证承、插接口的直度；同时需保持必要的施力时间（管径＜63 毫米的约为 30～60 秒，管径≥63 毫米的为 1～3 分钟）以防止接品滑脱。当插至 1/2 承口再往里插时宜稍加转动，但不应超过 90°，不应插到底部后进行旋转。

④ 清理。承、插口黏接后应将挤出的溶接剂擦净。黏接后，固化时间 2 小时，至少 72 小时后才可以通水。管道黏接不宜在湿度很大的环境下进行，操作场所应远离火源，防止撞击和避免阳光直射，在温度低于−5℃环境中不宜进行，当环境温度为低温或高温时需采取相应措施。

3. PE 管道安装

PE 管道采用热熔方式连接，有对接式热熔和承插式热熔，一般大口径管道（DN100 以上）都用对接热熔连接，有专用的热熔机，具体可根据机器使用说明进行操作。DN80 以下均可以用承插方式热熔连接，优点是热熔机轻便，可以手持移动、缺点是操作需要 2 人以上，承插后，管道热熔口容易过热缩小，影响过水。

（1）准备工作　管道连接前，应对管材和管件现场进行外观检查，符合要求方可使用。主要检查项目包括外表面质量、配件质量、材质的一致性等。管材管件的材质一致性直接影响连接后的质量。在寒冷气候（−5℃以下）和大风环境条件下进行连接时，应采取保护措施或调整连接工艺。管道连接时管端应洁净，每次收工时管口应临时封堵，防止杂物进入管内。热熔连接前后，连接工具回执面上的污物应用洁净棉布擦净。

（2）承插连接方法　此方法将管材表面和管件内表面同时无旋转地插入熔接器的模头中回执数秒，然后迅速撤去熔接器，把已加热的管子快速地垂直插入管件，保压、冷却、连接。连接流程：检查——切管——清理接头部位及划线——加热——撤熔接器——找正——管件套入管子并校正——保压、冷却。

① 要求管子外径大于管件内径，以保证熔接后形成合适的凸缘。

② 加热：将管材外表面和管件内表面同时无旋转地插入熔接器的模头中回执数秒，加热温度为260℃。

③ 插接：管材管件加热到规定的时间后，迅速从熔接器的模头中拔出并撤去熔接器，快速找正方向，将管件套入管段至划线位置，套入过程中若发现歪斜应及时校正。

④ 保压、冷却：冷却过程中，不得移动管材或管件，完全冷却后才可进行下一个接头的连接操作。

热熔承插连接应符合下列规定：热熔承插连接管材的连接端应切割垂直，并应用洁净棉布擦净管材和管件连接面上的污物，标出插入深度，刮除其表皮；承插连接前，应校直两对应的待连接件，使其在同一轴线上；插口外表面和承口内表面应用热熔承插连接工具加热；加热完毕，连接件应迅速脱离承接连接工具，并应用均匀外力插至标记深度，使待连接件连接结实。

（3）热熔对接连接　热熔对接连接是将与管轴线垂直的两管子对应端面与加热板接触使之加热熔化，撤去回热板后，迅速将熔化端压紧，并保证压至接头冷却，从而连接管子。这种连接方式无需管件，连接时必须使用对接焊机。热熔对接连接一般分为五个阶段：预热阶段、吸热阶段、加热板取出阶段、对接阶段、冷却阶段。加热温度和各个阶段所需要的压力及时间应符合热熔连接机具生产厂管材、管件生产厂的规定。连接程序：装夹管子—铣削连接面—回执端面—撤加热板—对接—保压、冷却。

① 将待连接的两管子分别装夹在对接焊机的两侧夹具上，管子端面应伸出夹具20～30毫米，并调整两管子使其在同一轴线上，管口错边不宜大于管壁厚度的10%。

② 用专用铣刀同时铣削两端面，使其与管轴线垂直，待两连接面相吻合后，铣削后用刷子、棉布等工具清除管子内外的碎屑及污物。

③ 当回执板的温度达到设定温度后，将加热板插入两端面间

同时加热熔化两端面，加热温度和加热时间按对接工具生产厂或管材生产厂的规定，加热完毕快速撤出加热板，接着操纵对接焊机使其中一根管子移动至两端面完全接触并形成均匀凸缘，保持适当压力直到连接部位冷却到室温为止。

热熔对接焊接时，要求管材或管件应具有相同熔融指数，且最好应具备相同的 SDR 值。另外，采用不同厂家的管件时，必须选择与之相匹配的焊机才能取得最佳的焊接效果。热熔连接保压、冷却时间，应符合热熔连接工具生产厂和管件、管材生产厂规定，保证冷却期间不得移动连接件或在连接件上施加外力。

二、山地管网

山地灌溉管网适合选用 PE 管，常规安装方向同平地管网。铺设方法与平地有些不同，主管从蓄水池沿坡而下铺设，高差每隔 20～30 米安装减压消能池，消能池内安装浮球阀。埋地 0.3 米以下，支管垂直于坡面露出地面，安装阀门，阀门用阀门井保护。

各级支管依照设计要求铺设，关键是滴灌管的铺设需要以等高线方向铺设，出水量更加均匀。

第三节
微灌设备安装与调试

一、微喷灌的安装与调试

微喷灌是利用直接安装在毛管上，或与毛管连接的微喷头将压水流以喷洒状湿润土壤。微喷头孔径较滴灌灌水器大，比滴灌抗堵塞，供水快。微喷灌系统包括水源、供水泵、控制阀门、过滤器、施肥阀、施肥罐、输水管、微喷头等。

材料选择与安装：吊管、支管、主管管径宜分别选用 4～5 毫米、8～20 毫米、32 毫米和壁厚 2 毫米的 PVC 管，微喷头间距 2.8～3 米，工作压力 0.18 兆帕左右，单相供水泵流量 8～

12升/小时，要求管道抗堵塞性能好，微喷头射程直径为3.5～4米，喷水雾化要均匀，布管时两根支管间距2.6米，把膨胀螺栓固定在长方向距地面2米的位置上，将支管固定，把微喷头、吊管、弯头连接起来，倒挂式安装好微喷头即可。下面将以大棚果树种植为例，介绍微喷使用方法。

1. 安装步骤

（1）工具准备　钢锯、轧带、打孔器、手套等。

（2）安装方式　大棚内，微喷一般是倒挂安装（图4-3），这种方式不仅不占地，还可以方便田间作业。根据田间试验和实际应用效果，微喷头间距以2.5～2.6米为宜，下挂长度以地面以上1.8～2米较合适，一般选择G型微喷头，微喷头G型桥架朝向要朝一个方向，这样喷出的水滴可以互补，提高均匀度。

图4-3　倒挂微喷头

（3）防滴器安装　在安装过程中，可以安装防滴器，使微喷头在停止喷水的时候，阻止管内剩余的水滴落，以免影响作物生长。也可不装，其窍门是在安装微喷灌的时候，调整做畦位置和支管安装位置，使喷头安装在畦沟地正上方，剩余的水滴落在畦沟里。

（4）端部加喷头　大棚的端部同时安装两个喷头，高差10厘米，其中一个喷头40升/小时。其作物是使大棚两端湿润更均匀。

（5）喷头预安装　裁剪毛管，以预定长度均匀裁剪，装喷头，然后与喷头安装对接（图4-4）。

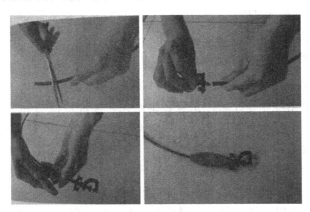

图4-4 微喷头安装示意图

（6）固定黑管　把黑管沿大棚方向纵向铺开，调整扭曲部分，使黑管平顺铺在地上，按预定距离打孔，再安装喷头。从大棚末端开始，预留2米，开始把装好喷头的黑管捆扎固定在棚管上，注意不宜用铁丝类金属丝捆扎，在操作中容易丝勾外翘，扎破大棚膜或者生锈。

2.安装选型

（1）喷道选择　一套大棚安装几道微喷，要根据大棚宽幅确定。

8米大棚两道安装，喷头流量70升，双流道，型号LFGWPS6000，喷幅6米。两道黑管距离4米左右，喷头间距2.5～2.6米，交叉排列。

6米大棚单条安装，喷头流量120升，单流道，型号LFGWP8000，喷幅8米，间距2.5～2.8米。大棚两端双个安装，高差10厘米，其中一个喷头70升/小时。

（2）喷管选择　喷灌通常选用黑色低密度（高压）聚乙烯管，简称黑管。这种管材耐老化，能适应严酷的田间气候环境，新料管材能在田间连续使用10年以上。

（3）管径选择　　根据单条喷灌长度，通过计算得出管道口径，一般长度 30 米以内可以用外径 16 毫米黑管，30～50 米以内可以用外径 20 毫米黑管。50～70 米以内用外径 25 毫米黑管，70～90 米用外径 32 毫米黑管。一般长度不超过 100 米，这样可以节约成本；长度 100 米以上，建议从中间开三通过水。

3. 注意事项

微喷系统安装好后，先检查供水泵，冲洗过滤器和主、支管道，放水 2 分钟，封住尾部，如发现连接部位有问题应及时处理。发现微喷头不喷水时，应停止供水，检查喷孔，如果是沙子等杂物堵塞，应取下喷头，除去杂物，但不可自行扩大喷孔，以免影响微喷质量，同时要检查过滤器是否完好。

微喷灌时，通过阀门控制供水压力，使其保持在 0.18 兆帕左右。微喷灌时间一般宜选择在上午或下午，这时进行微喷灌后地温能快速上升。喷水时间及间隔可根据作物的不同生长期和需水量来确定。随着作物长势的增高，微喷灌时间逐步增加，经测定，在高温季节微喷灌 20 分钟，可降温 6～8℃。因微喷灌的水直接喷洒在作物叶面，便于叶面吸收，促进作物生长。

二、滴灌设备安装与调试

作物的生物学特征各异，栽培的株距、行距也不一样，为了达到灌溉均匀的目的，所要求滴灌带滴孔距离、规格、孔洞一样。通常滴孔距离 15 厘米、20 厘米、30 厘米、40 厘米，常用的有 20 厘米、30 厘米。这就要求滴灌设施实施过程中，需要考虑使用单条滴灌带端部首端和末端滴孔出水量均匀度相同且前后误差在 10% 以内的产品。在设计施工过程中，需要根据实际情况，选择合适规格的滴灌带，还要根据这种滴灌带的流量等技术参数，确定单条滴灌带的铺设最佳长度。

1. 滴灌设备安装

（1）灌水器选型　　大棚栽培作物一般选用内镶滴灌带，规格

16 毫米×200 毫米或 300 毫米，壁厚可以根据农户投资需求选择 0.2 毫米、0.4 毫米、0.6 毫米，滴孔朝上，平整地铺在畦面的地膜下面。

（2）滴灌带数量　可以根据作物种植要求和投资意愿，决定每畦铺设的条数，通常每畦至少铺设一条，两条最好。

（3）滴灌带安装　棚头横管用 25″，每棚一个总开关，每畦另外用旁通阀，在多雨季节，大棚中间和棚边土壤湿度不一样，可以通过旁通阀调节灌水量。

铺设滴灌带时，先从下方拉出，由一人控制，另一人拉滴灌带，当滴管带略长于畦面时，将其剪断并将末端折扎，防止异物进入。首部连接旁通或旁通阀，要求滴灌带用剪刀裁平，如果附近有滴头，则剪去不要，把螺旋螺帽往后退，把滴灌带平稳套进旁通阀的口部，适当摁住，再将螺帽往外拧紧即可。将滴灌带尾部折叠并用细绳扎住，打活结，以方便冲洗（用带用堵头也可以，只是在使用过程中受水压泥沙等影响，不容易拧开冲洗，直接用线扎住方便简单）。

把黑管连接总管，三通出口处安装球阀，配置阀门井或阀门箱保护。整体管网安装完成后，通水试压，冲出施工过程中留在管道内的杂物，调整缺陷处，然后关水，滴灌带上堵头，25″黑管上堵头。

2.设备使用技术

（1）滴灌带通水检查　在滴灌受压出水时，正常滴孔的出水是呈滴水状的，如果有其他洞孔，出水是呈喷水状的，在膜下会有水柱冲击的响声，所以要巡查各处，检查是否有虫咬或其他机械性破洞，发现后及时修补。在滴灌带铺设前，一定要对畦面的地下害虫或越冬害虫进行一次灭杀。

（2）灌水时间　初次灌水时，由于土壤团粒疏松，水滴容易直接往下顺着土块空隙流到沟中，没能在畦面实现横向湿润。所以要短时间、多次、间歇灌水，让畦面土壤形成毛细管，促使水分横向湿润。

　　瓜果类作物在营养生长阶段，要适当控制水量，防止枝叶生长过旺影响结果。在作物挂果后，滴灌时间要根据滴头流量、土壤湿度、施肥间隔等情况决定。一般在土壤较干时滴灌 3～4 小时，而当土壤湿度居中，仅以施肥为目的时，水肥同灌约 1 小时较合适。

　　(3) 清洗过滤器　每次灌溉完成后，需要清洗过滤器。每 3～4 次灌溉后，特别是水肥灌溉后，需要把滴灌带堵头打开冲水，将残留在管壁内的杂质冲洗干净。作物采收后，集中冲水一次，收集备用。如果是在大棚内，只需要把滴灌带整条拆下，挂到大棚边的拱管上即可，下次使用时再铺到膜下。

第五章 水肥一体化系统操作与维护

水肥一体化系统操作主要是指在作物生长季节灌溉施肥系统正常工作，实现灌水和施肥功能所需要进行的一系列工作。而正确保养水肥一体化系统，可最大限度地延长系统的使用寿命，充分发挥系统的作用。

第一节
水肥一体化系统操作

水肥一体化系统操作包括运行前的准备、灌溉操作、施肥操作和结束运行前的操作等工作。

一、运行前的准备

运行前的准备工作主要是检查系统是否按设计要求安装到位，检查系统主要设备和仪表是否正常，对损坏或漏水的管段及配件进行修复。

1. 检查水泵与电机

检查水泵与电机所标示的电压、频率与电源电压是否相符，检查电机外壳接地是否可靠，检查电机是否漏油。

2. 检查过滤器

检查过滤器安装位置是否符合设计要求，是否有损坏，是否需要冲洗。介质过滤器在首次使用前，在罐内注满水并放入一包氯球，搁置 30 分钟后按正常使用方法各反冲一次。此次反冲并可预先搅拌介质，使之颗粒松散，接触面展开。然后充分清洗过滤器的所有部件，紧固所有螺丝。离心式过滤器冲洗时先打开压盖，将沙子取出冲净即可。网式过滤器手工清洗时，扳动手柄，放松螺杆，打开压盖，取出滤网，用软刷子刷洗筛网上的污物并用清水冲洗干净。叠片过滤器要检查和更换变形叠片。

3. 检查肥料罐或注肥泵

检查肥料罐或注肥泵的零部件和与系统的连接是否正确，清除罐体内的积存污物以防进入管道系统。

4. 检查其他部件

检查所有的末端竖管，是否有折损或堵头丢失。前者取相同零件修理，后者补充堵头。检查所有阀门与压力调节器是否启闭自如，检查管网系统及其连接微管，如有缺损应及时修补。检查进排气阀是否完好，并打开。关闭主支管道上的排水底阀。

5. 检查电控柜

检查电控柜的安装位置是否得当。电控柜应防止阳光照射，并单独安装在隔离单元，要保持电控柜房间的干燥。检查电控柜的接线和保险是否符合要求，是否有接地保护。

二、灌溉操作

水肥一体化系统包括单户系统和组合系统。组合系统需要分组轮灌。系统的简繁不同，灌溉作物和土壤条件不同都会影响到灌溉操作。

1. 管道充水试运行

在灌溉季节首次使用时，必须进行管道充水冲洗。充水前应开启排污阀或泄水阀，关闭所有控制阀门，在水泵运行正常后缓慢开启水泵出水管道上的控制阀门，然后从上游至下游逐条冲洗管道，充水中应观察排气装置工作是否正常。管道冲洗后应缓慢关闭泄水阀。

2. 水泵启动

要保证动力机在空载或轻载下启动。启动水泵前，首先关闭总阀门，并打开准备灌水的管道上所有排气阀排气，然后启动水泵向管道内缓慢充水。启动后观察和倾听设备运转是否有异常声音，在确认启动正常的情况下，缓慢开启过滤器及控制田间灌溉所需轮灌组的田间控制阀门，开始灌溉。

3. 观察压力表和流量表

观察过滤器前后的压力表读数差异是否在规定的范围内，压差读数达到 7 米水柱，说明过滤器内堵塞严重，应停机冲洗。

4. 冲洗管道

新安装的管道（特别是滴灌管）第一次使用时，要先放开管道末端的堵头，充分放水冲洗各级管道系统，把安装过程中集聚的杂质冲洗干净后，封堵末端堵头，然后才能开始使用。

5. 田间巡查

要到田间巡回检查轮灌区的管道接头和管道是否漏水，各个灌水器是否正常。

三、施肥操作

施肥过程是伴随灌溉同时进行的，施肥操作在灌溉进行 20～30 分钟后开始，并确保在灌溉结束前 20 分钟以上的时间内结束，这样可以保证对灌溉系统的冲洗和尽可能地减少化学物质对灌水器的堵塞。

施肥操作前要按照施肥方案将肥料准备好，对于溶解性差的肥料可先将肥料溶解在水中。不同的施肥装置在操作细节上有所不同。

1. 压差式施肥罐

（1）压差施肥罐的运行　压差施肥罐的操作运行顺序如下。

第一步，根据各轮灌区具体面积或作物株数（如果树）计算好当次施肥的数量。称好或量好每个轮灌区的肥料。

第二步，用两根各配一个阀门的管子将旁通管与主管接通，为便于移动，每根管子上可配用快速接头。

第三步，将液体肥直接倒入施肥罐，若用固体肥料则应先行单独溶解并通过滤网注入施肥罐。有些用户将固体肥直接投入施肥罐，使肥料在灌溉过程中溶解，这种情况下用较小的罐即可，但需要 5 倍以上的水量以确保所有肥料被用完。

第四步，注完肥料溶液后，扣紧罐盖。

第五步，检查旁通管的进出口阀均关闭而节制阀打开，然后打开主管道阀门。

第六步，打开旁通进出口阀，然后慢慢地关闭节制阀，同时注意观察压力表，得到所需的压差（1～3 米水压）。

第七步，对于有条件的用户，可以用电导率仪测定施肥所需时间。否则用 AmosTeitch 的经济公式估计施肥时间。施肥完后关闭进口阀门。

第八步，要施下一罐肥时，必须排掉部分罐内的积水。在施肥罐进水口处应安装一个 $1/2''$ 的进排气阀或 $1/2''$ 的球阀。打开罐底的排水开关前，应先打开排气阀或球阀，否则水排不出去。

（2）压差施肥罐施肥时间监测方法　压差施肥罐是按数量施肥方式，开始施肥时流出的肥料浓度高，随着施肥进行，罐中肥料越来越少，浓度越来越稀。阿莫斯特奇（Amos Teich）总结了罐内溶液浓度不断降低的规律，即在相当于 4 倍罐容积的水流过罐体后，90% 的肥料已进入灌溉系统（但肥料应在一开始就完全溶解），流入罐内的水量可用罐入口处的流量来测量。灌溉施肥的时间取决于肥料罐的容积及其流出速率：

$$T = 4V/Q$$

式中，T 为施肥时间（小时）；V 为肥料罐容积（升）；Q 为流出液速率（升/小时）；4 是指 120 升肥料溶液需 480 升水流入肥料罐中才能把肥料全部带入灌溉系统中。

例如：一肥料罐容积 220 升，施肥历时 2 小时，求旁通管的流量。根据上述公式，在 2 小时内必须有 $4 \times 220 = 880$ 升水流过施肥罐，故旁通管的流量应不低于：

$$880/120 = 7.3 （分钟）$$

因为施肥罐的容积是固定的，当需要加快施肥速度时，必须使旁通管的流量增大。此时要把节制阀关得更紧一些。AmosTeich 公式是在肥料完全溶解的情况下获得的一个近似公式。在田间情况下很多时候用固体肥料（肥料量不超过罐体的 1/3），此时肥料被缓慢溶解。张承林等人比较了等量的氯化钾和磷酸钾肥料在完全溶解和固体状态两种情况下倒入施肥罐，在相同压力和流量下的施肥时间。用监测滴头处灌溉水的电导率的变化来判断施肥的时间，当水中电导率达到稳定后表明施肥完成。将 50 千克固体硝酸钾或氯化钾（或溶解后）倒入施肥罐，罐容积为 220 升。每小时流入罐的水量为 1600 升，主管流量为 37.5 米³/小时，通过施肥罐的压力差为 0.18 千克/厘米²，灌溉水温度 30℃。结果表明，在流量压力相同的情况下，不管是直接用固体肥料，还是将其溶解后放入施肥罐，施肥的时间基本一致，两种肥料大致在 40 分钟施完。施肥开始后约 10 分钟滴头处才达到最大浓度，这与测定时轮灌区面积有关（施肥时面积约 150 亩）。面积越大，开始施肥时肥料要走的路越远，需要的时间越长。由于施肥的快慢与经过施肥罐的流量有关，当需要快速施肥时，可以增大施肥罐两端的压差；反之减小压差。在有条件的地方，可以用下列方法测定施肥时间。

① EC 法（电导率法）。肥料大部分为无机盐（尿素除外），溶解于水后使溶液的电导率增加。监测施肥时流出液的电导率的变化即可知每罐肥的施肥时间。将某种单质肥料或复合肥料倒入罐内约 1/3 容积，称重，记录入水口压力（有压力表情况下）或在节制阀的旋紧位置做记号（入水口无压力表），用电导率仪测量流出液的 EC 值，记录施肥开始的时间。施肥过程中每隔 3 分钟测量 1 次，直到 EC 值与入水口灌溉水的 EC 值相等，此时表明罐内无肥，记录结束的时间。开始与结束的时间差即为当次的施肥时间。

② 试剂法。利用钾离子与铵离子能与 2% 的四苯硼钠形成白色

沉淀来判断。做法同 EC 法相似。试验肥料可用硝酸钾、氯化钾、硝酸铵等含钾或铵的肥料。记录开始施肥的时间。每次用 50 毫升的烧杯取肥液 3～5 毫升,滴入 1 滴四苯硼钠溶液,摇匀,开始施肥时变白色沉淀,以后随浓度越来越稀而无反应。此时的时间即为施肥时间。

尿素是灌溉施肥中最常用的氮肥。但上述两种方法都无法检测尿素的施肥时间。通过测定等量氯化钾的施用时间,根据溶解度来推断尿素的施肥时间。如在常温下,氯化钾溶解度为 34.7 克/100 克水,尿素为 100 克/100 克水。当氯化钾的施肥时间为 30 分钟时,因尿素的溶解度比氯化钾更大,等重量的尿素施肥完成时间同样也应为 30 分钟。或者将尿素与钾肥按 1∶9 的比例加入罐内,用监测电导率的办法了解尿素的施肥时间。因钾肥的溶解度比尿素小,只要监测不到电导率的增加,表明尿素已施完毕。

③ 流量法。根据 Amos Teich 公式 $T = 4V/Q$,当施肥时所使用的是液体肥料或溶解性较好的固体肥料(如尿素)时,可推算出一次施肥所需要的时间。因此,可在压差施肥罐的出水口端安装一流量计,当从开始施肥到流量计记录的流量约为 4 倍的压差施肥罐体积时,表明施肥罐中肥料已基本施完,此时段消耗的时间即为施肥时间。

了解施肥时间对应用压差施肥罐施肥具有重要意义。当施下一罐肥时必须要将罐内的水放掉至少 1/2～2/3,否则无法加放肥料。如果对每一罐的施肥时间不了解,可能会出现肥未施完即停止施肥,将剩余肥料溶液排走而浪费肥料。或肥料早已施完但心中无数,盲目等待,后者当单纯为施肥而灌溉时,会浪费水源或电力,增加施肥人工。特别在雨季或土壤不需要灌溉而只需施肥时更需要加快施肥速度。

(3) 压差施肥罐使用注意事项 压差施肥罐使用时,应注意以下事项:

① 当罐体较小时(小于 100 升),固体肥料最好溶解后倒入肥料罐,否则可能会堵塞罐体。特别在压力较低时可能会出现这种

情况。

② 有些肥料可能含有一些杂质，倒入施肥罐前先溶解过滤，滤网 100～120 目。如直接加入固体肥料，必须在肥料罐出口处安装一个 1/2″ 的筛网过滤器。或者将肥料罐安装在主管道的过滤器之前。

③ 每次施完肥后，应对管道用灌溉水冲洗，将残留在管道中的肥液排出。一般滴灌系统 20～30 分钟，微喷灌 5～10 分钟。如有些滴灌系统轮灌区较多，而施肥要求在尽量短的时间完成，可考虑测定滴头处电导率的变化来判断清洗的时间。一般的情况是一个首部的灌溉面积越大，输水管道越长，冲洗的时间也越长。冲洗是个必需过程，因为残留的肥液存留在管道和滴头处，极易滋生藻类青苔等低等植物，堵塞滴头；在灌溉水硬度较大时，残存肥液在滴头处形成沉淀，造成堵塞。据调查，大部分灌溉施肥后滴头堵塞都与施肥后没有及时冲洗有关。及时的冲洗基本可以防止此类问题发生。但在雨季施肥时，可暂时不洗管，等天气晴朗时补洗，否则会造成过量灌溉淋洗肥料。

④ 肥料罐需要的压差由入水口和出水口间的节制阀获得。因为灌溉时间通常多于施肥时间，不施肥时节制阀要全开。经常性的调节阀门可能会导致每次施肥的压力差不一致（特别当压力表量程太大时，判断不准），从而使施肥时间把握不准确。为了获得一个恒定的压力差，可以不用节制阀门，代之以流量表（水表）。水流流经水表时会造成一个微小压差，这个压差可供施肥罐用。当不施肥时，关闭施肥罐两端的细管，主管上的压差仍然存在。在这种情况下，不管施肥与否，主管上的压力都是均衡的。因这个由水表产生的压差是均衡的，无法调控施肥速度，所以只适合深根作物。对浅根系作物在雨季要加快施肥，这种方法不适用。

张承林等在田间调查发现施肥罐使用中存在一些问题。在田间大面积灌溉区，有些施肥罐体积太小，应该配置 300 升以上，以方便用户施肥。有些施肥罐上不安装进排气阀，导致操作困难。有些施肥罐的进水和出肥管管径太小，无法调控施肥速度。一般对 200

升以上的施肥罐，应该采用 32 毫米的钢丝软管。从倒肥的操作便利看，卧式施肥罐优于立式施肥罐。通常一包肥料 50 千克，倒入齐腰高的立式罐难度较大。

2. 文丘里施肥器

虽然文丘里施肥器可以按比例施肥，在整个施肥过程中保持恒定浓度供应，但在制定施肥计划时仍然按施肥数量计算。比如一个轮灌区需要多少肥料要事先计算好。如用液体肥料，则将所需体积的液体肥料加到储肥罐（或桶）中。如用固体肥料，则先将肥料溶解配成母液，再加入储肥罐。或直接在储肥罐中配制母液。当一个轮灌区施完肥后，再安排下一个轮灌区。

当需要连续施肥时，对每一轮灌区先计算好施肥量。在确定施肥速度恒定的前提下，可以通过记录施肥时间或观察施肥桶内壁上的刻度来为每一轮灌区定量。对于有辅助加压泵的施肥器，在了解每个轮灌区施肥量（肥料母液体积）的前提下，安装一个定时器来控制加压泵的运行时间。在自动灌溉系统中，可通过控制器控制不同轮灌区的施肥时间。当整个施肥可在当天完成时，可以统一施肥后再统一冲洗管道，否则必须将施过肥的管道当日冲洗。冲洗的时间要求同旁通罐施肥法。

3. 重力自压式施肥法

施肥时先计算好每轮灌区需要的肥料总量，倒入混肥池，加水溶解，或溶解好直接倒入。打开主管道的阀门，开始灌溉。然后打开混肥池的管道，肥液即被主管道的水流稀释带入灌溉系统。通过调节球阀的开关位置，可以控制施肥速度。当蓄水池的液位变化不大时（丘陵山地果园许多情况下一边灌溉一边抽水至水池），施肥的速度可以相当稳定，保持一恒定养分浓度。如采用滴灌施肥，施肥结束后需继续灌溉一段时间，冲洗管道。如拖管淋水肥则无此必要。通常混肥池用水泥建造坚固耐用，造价低。也可直接用塑料桶作混肥池用。有些用户直接将肥料倒入蓄水池，灌溉时将整池水放干净。由于蓄水池通常体积很大，要彻底放干水很不容易，会残留一些肥液在池中。加上池壁清洗困难，也有养分附着。当重新蓄水时，极易滋生藻类青苔等低等植物，堵塞过滤设备。应用重力自压式灌溉施肥，当采用滴灌时，一定要将混肥池和蓄水池分开，二者不可共用。

静水微重力自压施肥法曾被国外某些公司在我国农村提倡推广，其做法是在棚中心部位将储水罐架高 80～100 厘米，将肥料放入敞开的储水罐溶解，肥液经过罐中的筛网过滤器过滤后靠水的重力滴入土壤。在山东省中部，某些农户利用在棚内山墙一侧修建水池替代储水罐，肥料溶于池中，池的下端设有出水口，利用水重力法灌溉施肥，这种方法水压很小，仅适合于面积小于 300 米^2、且纵向长度小于 40 米的大棚采用。面积更大很难保证出水均匀（图 5-1）。

图 5-1　温室大棚重力滴灌施肥示意图

利用自重力施肥由于水压很小（通常在 3 米以内），用常规的过滤方式（如叠片过滤器或筛网过滤器）由于过滤器的堵水作用，往往使灌溉施肥过程无法进行。张承林等在重力滴灌系统中用下面的方法解决过滤问题。在蓄水池内出水口处连接一段 1～1.5 米长的 PVC 管，管径为 90 毫米或 110 毫米。在管上钻直径 30～40 毫米的圆孔，圆孔数量越多越好，将 120 目的尼龙网缝制成管径大小的管状，一端开口，直接套在管上，开口端扎紧。用此方法大大地增加了进水面积，虽然尼龙网也照样堵水，但由于进水面积增加，总的出流量也增加。泥肥池内也用同样方法解决过滤问题。当尼龙网变脏时，更换一个新网或洗净后再用。经几年的生产应用，效果很好。由于尼龙网成本低廉，容易购买，用户容易接受和采用。

4. 泵吸肥法

根据轮灌区的面积或果树的株数计算施肥量，然后倒入施肥池。开动水泵，放水溶解肥料。打开出肥口处开关，肥料被吸入主管道。通常面积较大的灌区吸肥管用50～70毫米的PVC管，方便调节施肥速度。一些农户出肥管管径太小（25毫米或32毫米），当需要加速施肥时，由于管径太小无法实现。对较大面积的灌区（如500亩以上），可以在肥池或肥桶上画刻度。一次性将当次的肥料溶解好，然后通过刻度分配到每个轮灌区。假设一个轮灌区需要一个刻度单位的肥料，当肥料溶液到达一个刻度时，立即关闭施肥开关，继续灌溉冲洗管道。冲洗完后打开下一个轮灌区，打开施肥池开关，等到达第二个刻度单位时表示第二轮灌区施肥结束，依次进行操作。采用这种办法对大型灌区的施肥可以提高工作效率，减轻劳动强度（图5-2）。

在北方一些井灌区水温较低，肥料溶解慢。一些肥料即使在较高水温下溶解也慢（如硫酸钾）。这时在肥池内安装搅拌设备可显著加快肥料的溶解，一般搅拌设备由减速机（功率1.5～3.0千瓦）、搅拌桨和固定支架组成。搅拌桨通常要用304不锈钢制造。

5. 泵注肥法

南方地区的果园，通常都有打药机。许多果农利用打药机作注肥泵用。具体做法是：在泵房外侧建一个砖水泥结构的施肥池，一般3～4米^3，通常高1米，长宽均2米。以不漏水为质量要求。池底最好安装一个排水阀门，方便清洗排走肥料池的杂质。施肥池内侧最好用油漆划好刻度，以0.5米^{3}为一格。安装一个吸肥泵将池中溶解好的肥料注入输水管。吸肥泵通常用旋涡自吸泵，扬程须高

图 5-2　泵吸肥法应用

于灌溉系统设计的最大扬程，通常的参数为：电源 220 伏或 380
伏，0.75～1.1 千瓦，扬程 50 米，流量 3～5 米³/小时，这种施肥
方法肥料有没有施完看得见。施肥速度方便调节。它适合用于时针
式喷灌机、喷水带、卷盘喷灌机等灌溉系统。它克服了压差施肥罐
的所有缺点。特别是使用地下水的情况下，由于水温低（9～
10℃），肥料溶解慢，可以提前放水升温，自动搅拌溶解肥料。通
常减速搅拌机的电机功率为 1.5 千瓦。搅拌装置用不生锈材料做成
倒 T 形（图 5-3）。

6.自动灌溉施肥机

一些施肥设备不但能按恒定浓度施肥，同时可自动吸取几种营
养母液，按一定比例配成完全营养液。在施肥过程中，可以自动监
测营养液的电导率和 pH，实现真正的精确施肥。由于该类施肥设
备的复杂性和精确性，一般称之为施肥机。在对养分浓度有严格要
求的花卉、优质蔬菜等的温室栽培中，应用施肥机能够将水与营养
物质在混合器中充分混合而配制成作物生长所需的营养液，然后根
据用户设定的灌溉施肥程序通过灌溉系统适时适量地供给作物，保

图 5-3　井灌区利用泵注施肥法的施肥场面

证作物生长的需要，做到精确施肥并实现施肥自动化。自动灌溉施肥机特别适用于无土栽培。下面以以色列爱尔达沙尼公司设计生产的"肥滴美"、"肥滴佳"和"肥滴杰"自动灌溉施肥机为例，介绍其工作原理和使用方法。

（1）肥滴美自动灌溉施肥机　爱尔达沙尼公司设计和生产的肥滴美灌溉施肥机，是一个功能强大的自动灌溉施肥机，它配置了先进的 Galileo/Elgal 系列计算机控制系统，能够按照用户的要求精确控制施肥和灌溉量。肥滴美自动灌溉施肥机有 1″、2″、3″ 等多种型号，满足不同灌溉流量的需求，最大灌溉流量从 6.5～55 米³/小时。

肥滴美自动灌溉施肥机主要由以下部分组成。①一个带有高、低水位感应探头的聚乙烯混合罐，一个混合泵，它有 3 种功能：为灌溉提供工作压力、吸取肥料、执行营养液混合配制过程。②带有电控施肥阀门和肥料流量调节器的 3 个文丘里注肥器（FERTIMIX 最多可安装 10 个注肥器，用户可根据实际需要安装所需数量的注肥器）。③安装在采样单元中的 pH/EC 测定电极。pH/EC 监测控制系统包括下列配件：一个与控制器相连的 4～20 毫安信号发送装置，一个大液晶显示器，电流绝缘隔离装置，以及一个用于快速、简便校定的键盘。④供人工手动操作的旁路阀门。⑤一个用于控制系统监控灌溉、计算灌溉量和流量的电子水表。⑥进水口和出水口处的电控液压阀门。⑦用于自动控制进水流量的浮阀。⑧抗腐蚀的PVC管道和装配件。⑨带有手动开关选项自控电路面板，混合泵的电路保护和雷电保护装置，液面水位控制器及一台Galileo/Elgal可编程自动灌溉施肥控制器（图5-4）。

图5-4 肥滴美自动灌溉施肥机

（2）肥滴佳自动灌溉施肥机 肥滴佳自动灌溉施肥机是一个设计独特、操作简单和模块化的自动灌溉施肥系统，它配以先进的Galileo/Elgal计算机自动灌溉施肥可编程控制器和EC/pH监控装置，可编程控制器中先进的灌溉施肥自动控制软件平台为用户实现专家级的灌溉施肥控制提供了一个最佳手段。

肥滴佳自动灌溉施肥机能够按照用户在可编程控制器上设置的灌溉施肥程序和EC/pH控制，通过机器上的一套肥料泵直接、准确地把肥料养分注入灌溉水中，连同灌溉水一起适时适量地施给作物。这样，肥滴佳自动灌溉施肥机使施肥和灌溉的一体化成为可能，大大提高了水肥耦合效应和水肥利用效率。同时完美的自动灌溉施肥程序为作物及时、精确的水分和营养供应提供了保证。

肥滴佳自动灌溉施肥机具有较广的灌溉流量和灌溉压力适应范围，能够充分满足温室、大棚等设施农业的灌溉施肥需要。

另外，肥滴佳自动灌溉施肥机配备的 Galileo/Elgal 可编程控制器也可以编写雾喷、雾化、灌溉排水监控、过滤器冲洗，甚至温室气候控制等自动控制程序，这样，用户能够使用肥滴佳自动灌溉施肥机对温室时行全方位的综合控制。肥滴佳自动灌溉施肥机的型号有从 $1''\sim6''$，最大灌溉流量为 $9\sim225$ 立方米/小时，控制压力 $0.4\sim0.5$ 兆帕（图 5-5）。

图 5-5　肥滴佳自动灌溉施肥机

肥滴佳自动灌溉施肥机的基本构成：一个液压水表阀门（该液压水表阀门由一个灌溉总阀门、电子水表、单向逆止阀门和压力调节阀集成在一个单元装置中构成）；可调节的压力调节阀；用于检测灌溉压力不足错误和保护水泵的电子恒定水压继电器；一个用于雾喷系统的输出口，装于灌溉总阀门之前；一个 $3/4''$ 的服务阀门；具有两点选择开关的压力计；一个塑料叠片式过滤器（120 目）及抗腐蚀的 PVC 管和各种配套装配件。自动控制装置有安装在 EC&pH 采样检测单元中的一对 EC/pH 测定电极。pH/EC 监控装置包括输出信号为 $4\sim20$ 毫安电流的信号转化器、电流绝缘装置、大型的液晶显示器和带有 4 个键的键盘。一个 Elgal 可编程控制器；一个主电动控制面板。

施肥系统主要包括：一套文丘里肥料泵（最大吸量 350 升/小

时），肥料泵装置上同时也包括电动控制肥料阀门；肥料流量调节器；聚乙烯配件。一个专用电动水泵，用于通过旁通管维护文丘里肥料泵运行所必需的水压差。

（3）肥滴杰自动灌溉施肥机　肥滴杰是一个经济实用的自动灌溉施肥机，它与肥滴佳和肥滴美一样能够执行精确的施肥控制过

程，但是肥滴杰机器本身并没有安装水表阀门、灌溉总阀、调压阀门等水控设备，它实际上只是一个可以通过旁通管路连接到灌溉系统的施肥机。肥滴杰在先进的 Galileo/Elgal 自动灌溉施肥可编程控制器控制下，通过运行控制机器上的一套文丘里注肥器直接、准确地把反熵养分按照用户的程序设定要求注入灌溉系统和管道中。由于肥滴杰采用旁通管与灌溉系统相连，它可以与任何规模的灌溉系统或任何尺寸的灌溉首部简单而快速地相连，不论是大型农田灌溉还是温室灌溉（图 5-6）。

图 5-6　肥滴杰自动灌溉施肥机

肥滴杰自动滴灌施肥机的构成有：压力调节器；用于检测灌溉压力不足错误的电子恒定水压继电器；抗腐蚀的 PVC 管和各种配套配件；安装在 EC/pH 采样检测单元中的一对 EC&pH 测定电极。pH/EC 监控装置包括：输出信号为 4～20 毫安电流的信号转化器；一个 Galileo/Elgal 可编程控制器；一个主电动控制面板；一套文丘里型肥料泵（最大肥料流量为 350 升/小时，具体取决于泵的类型），肥料泵装置上配有电动控制肥料阀门、肥料流量调节器、聚乙烯装配件；专用电动水泵，用于通过旁通管维持文丘里肥料泵运行所必需的水压差。

肥滴美、肥滴佳及肥滴杰施肥机均为复杂的精确施肥设备，其

操作远较操作施肥罐等复杂。通常厂家负责安装与操作技术培训。

7.移动式灌溉施肥机

移动式灌溉施肥机针对小面积果园以及没有电力供应的种植地块而研发，主要由汽油泵、施肥罐、过滤器和手推车组成，可直接与田间的灌溉施肥管道相连使用，移动方便、迅速。当用户需要对田间进行灌溉施肥时，可以用机车将灌溉施肥机拉到田间，与田间的管道相连，轮流对不同的田块进行灌溉施肥。移动式灌溉施肥机可以代替泵房固定式首部系统，成本低廉，便于推广，能够满足小面积田块灌溉施肥系统的要求。目前，移动式灌溉施肥机的主管道有2寸（1寸≈3.3厘米）和3寸两种规格，每台移动式灌溉施肥机可承担50～100亩面积的施肥（图5-7）。

图5-7　移动式灌溉施肥机

（1）移动式灌溉施肥机操作规程　第一步，移动施肥机每次使用前，都要检查机油和汽油的油位，如果油不足，要在使用前加入足量的油；加入机油时轻轻抬起汽油机的一端，不宜过于倾斜，机油也不宜过多。检查所有接头是否连接完好，检查渠道水位是否处于开机的安全水位。第二步，水泵注水室应在启动前加满预注水，否则会损坏水泵密封圈，同时也会造成抽不上水。第三步，启动施肥机时，首先要开启燃油开关，关闭阻风门拉杆，将发动机开关置于开启位置，同时将气门拉杆稍向左侧移动，然后抖动启动手柄。当移动施肥机开启后，慢慢开启阻风门，同时将节气门置于所需速度位置。第四步，移动施肥机系统平稳启动后，观察压力表读数，等水抽上来后，压力表显示为水泵工作扬程时，一定要慢慢打开系统总阀门进行灌溉，以防压力大的水一下子冲掉出水口接头。第五步，正常出水时，左边的压力表读数在 0.08～0.20 兆帕（8～20米）之间，右边读数在 0～0.05 兆帕（0～5 米）之间。第六步，过滤器处于正常工作时，过滤器两边的压力表读数相差为 0.01～0.03 兆帕，表明此时过滤是清洁的；而当过滤器两边压力表读数相差超过 0.04 兆帕的时候，必须尽快地清洗过滤器。第七步，在系统运行时，管理人员应要去相关轮灌区巡查，看运行是否正常。发现破管、断管、堵塞、灌水器损坏、漏水等现象应及时处理。不能处理时，应立即通知有关技术人员协助处理。第八步，系统停机时，将节气门拉杆向左移到底，同时关闭发动机开关、燃油开关，然后关闭球阀开关。

（2）施肥操作 第一步，将计算好的肥料倒入肥料桶，加水搅拌溶解后方可打开施肥开关。第二步，施肥前，先打开要施肥区的开关开始灌水。等到田间所有灌水器都在正常出水后，打开施肥开关开始施肥。施肥时间控制在 30～60 分钟为宜，越慢越好（具体情况可以根据田间的干湿状况调整）。施肥速度可以通过肥料池的开关控制。第三步，施完肥后，不能立即关闭灌溉系统，还要继续灌溉 10～30 分钟清水，将管道中的肥液完全排出。如果阴雨天气施肥，此措施可以待天晴后施肥时补上。不然的话，会在灌水器处长藻类、青苔、微生物等，造成滴头堵塞（这个措施非常重要，也是滴灌成功的关键）。

各种施肥装置具有不同的特点，适合于不同的应用条件，其主要性能比较见表 5-1。

表 5-1 各种施肥方法的比较

比较内容	旁通施肥罐	文丘里施肥器	注射泵	自压施肥法	施肥机
操作难易程度	容易	中等	难	容易	难
固体肥料施用	可以	不可以[①]	不可以[①]	不可以[①]	不可以[①]

续表

比较内容	旁通施肥罐	文丘里施肥器	注射泵	自压施肥法	施肥机
液体肥料施用	可以	可以	可以	可以	可以
出肥液速率	大	小	大	可控	可控
浓度控制	无	中等	精确	良好	精确
流量控制	良好	中等	精确	良好	精确
水头损失	小	很大	无	小	无
自动化程度	低	中等	高	低	高
费用	低	中等	高	最低	很高

① 使用液体肥料或将固体肥料溶于水中制备营养母液。

四、轮灌组更替

根据水肥一体化灌溉施肥制度，观察水表水量确定达到要求的灌水量时，更换下一轮灌组地块，注意不要同时打开所有分灌阀。首先打开下一轮灌组的阀门，再关闭第一个轮灌组的阀门，进行下一轮灌组的灌溉，操作步骤按以上重复。

五、结束灌溉

所有地块灌溉施肥结束后，先关闭灌溉系统水泵开关，然后关闭田间的各开关。对过滤器、施肥罐、管路等设备进行全面检查，达到下一次正常运行的标准。注意冬季灌溉结束后要把田间位于主支管道上的排水阀打开，将管道内的水尽量排净，以避免管道留有积水冻裂管道，此阀门冬季不必关闭。

第二节
水肥一体化系统的维护保养

要想保持水肥一体化技术系统的正常运行和提高其使用寿命，关键是要正确使用及良好地维护和保养。

一、水源工程

水源工程建筑物有地下取水、河渠取水、塘库取水等多种形式，保持这些水源工程建筑物的完好、运行可靠，确保设计用水的要求，是水源工程管理的首要任务。

对泵站、蓄水池等工程经常进行维修养护，每年非灌溉季节应进行年修，保持工程完好。对蓄水池沉积的泥沙等污物应定期排除洗刷。开敞式蓄水池的静水中藻类易于繁殖，在灌溉季节应定期向池中投放绿矾，可防止藻类滋生。

灌溉季节结束后，应排除所有管道中的存水，封堵阀门和井。

二、水泵

运行前检查水泵与电机的连轴器是否同心，间隙是否合适，皮带轮是否对正，其他部件是否正常，转动是否灵活，如有问题应及时排除。

运行中检查各种仪表的读数是否在正常范围内，轴承部位的温度是否太高，水泵和水管各部位有没有漏水和进气情况，吸水管道应保证不漏气，水泵停机前应先停起动器，后拉电闸。

停机后要擦净水迹，防止生锈；定期拆卸检查，全面检修；在灌溉季节结束或冬季使用水泵时，停机后应打开泵壳下的放水塞把水放净，防止锈坏或冻坏水泵。

三、动力机械

电机在启动前应检查绕组对地的绝缘电阻、铭牌所标电压和频率与电源电压是否相符、接线是否正确、电机外壳接地线是否可靠等。电机运行中工作电流不得超过额定电流，温度不能太高。电机应经常除尘，保持干燥清洁。经常运行的电机每月应进行一次检查，每半年进行一次检修。

四、管道系统

在每个灌溉季节结束时，要对管道系统进行全系统的高压清洗。在有轮灌组的情况下，要按轮灌组顺序分别打开各支管和主管的末端堵头，开动水泵，使用高压力逐个冲洗轮灌组的各级管道，力争将管道内积攒的污物等冲洗出去。在管道高压清洗结束后，应充分排净水分，把堵头装回。

五、过滤系统

1. 网式过滤器

运行时要经常检查过滤网，发现损坏时应及时修复。灌溉季节结束后，应取出过滤器中的过滤网，刷洗干净，晾干后备用。

2. 叠片过滤器

打开叠片过滤器的外壳，取出叠片。先把各个叠片组清洗干净，然后用干布将塑壳内的密封圈擦干放回，之后开启底部集砂膛一端的丝堵，将膛中积存物排出，将水放净，最后将过滤器压力表下的选择钮置于排气位置。

3. 砂介质过滤器

灌溉季节结束后，打开过滤器罐的顶盖，检查砂石滤料的数量，并与罐体上的标识相比较，若砂石滤料数量不足应及时补充以免影响过滤质量。若砂石滤料上有悬浮物要捞出。同时在每个罐内加入一包氯球，放置 30 分钟后，启动每个罐各反冲 2 分钟两次，然后打开过滤器罐的盖子和罐体底部的排水阀将水全部排净。单个砂介质过滤器反冲洗时，首先打开冲洗阀的排污阀，并关闭进水阀，水流经冲洗管由集水管进入过滤罐。双过滤器反冲洗时先关闭其中一个过滤罐上的三向阀门，同时打开该罐的反冲洗管进口，由另一过滤罐来的干净水通过集水管进入待冲洗罐内。反冲洗时，要注意控制反冲洗水流速度，使反冲流流速能够使砂床充分翻动，只冲掉罐中被过滤的污物，而不会冲掉作为过滤的介质。最后将过滤器压力表下的选择钮置于排气位置。若罐体表面或金属进水管路的金属镀层有损坏，应立即清锈后重新喷涂。

六、施肥系统

在进行施肥系统维护时，关闭水泵，开启与主管道相连的注肥口和驱动注肥系统的进水口，排除压力。

1. 注肥泵

先用清水洗净注肥泵的肥料罐，打开罐盖晾干，再用清水冲净注肥泵，然后分解注肥泵，取出注肥泵驱动活塞，用随机所带的润滑油涂在部件上，进行正常的润滑保养，最后擦干各部件重新组装好。

2. 施肥罐

首先仔细清洗罐内残液并晾干，然后将罐体上的软管取下并用清水洗净，软管要置于罐体内保存。每年在施肥罐的顶盖及手柄螺纹处涂上防锈液，若罐体表面的金属镀层有损坏，立即清锈后重新喷涂。注意不要丢失各个连接部件。

3. 移动式灌溉施肥机的维护保养

对移动式灌溉施肥机的使用应尽量做到专人管理，管理人员要认真负责，所有操作严格按技术操作规程进行；严禁动力机空转，在系统开启时一定要将吸水泵浸入水中；管理人员要定期检查和维护系统，保持整洁干净，严禁淋雨；定期更换机油（半年），检查或更换火花塞（1年）；及时人工清洗过滤器滤芯，严禁在有压力的情况下打开过滤器；耕翻土地时需要移动地面管，应轻拿轻放，不要用力拽管。

七、田间设备

1. 排水底阀

在冬季来临前，为防止冬季将管道冻坏，把田间位于主支管道上的排水底阀打开，将管道内的水尽量排净，此阀门冬季不关闭。

2. 田间阀门

将各阀门的手动开关置于打开的位置。

3. 滴灌管

在田间将各条滴灌管拉直，勿使其扭折，若冬季回收也要注意勿使其扭曲放置。

八、预防滴灌系统堵塞

1. 灌溉水和水肥溶液先经过过滤或沉淀

在灌溉水或水肥溶液进入灌溉系统前，先经过一道过滤器或沉淀池，然后经过滤器后才进入输水管道。

2. 适当提高输水能力

根据试验，水的流量在 4~8 升/小时范围内，堵塞减到很小，但考虑流量愈大，费用愈高的因素，最优流量约为 4 升/小时。

3. 定期冲洗滴灌管

滴管系统使用 5 次后，要放开滴灌管末端堵头进行冲洗，把使用过程中积聚在管内的杂质冲洗出滴灌系统。

4. 事先测定水质

在确定使用滴灌系统前，最好先测定水质。如果水中含有较多的铁、硫化氢、丹宁，则不适合滴灌。

5. 使用完全溶于水的肥料

只有完全溶于水的肥料才能进行滴灌施肥。不要通过滴灌系统施用一般的磷肥，磷会在灌溉水中与钙反应形成沉淀，堵塞滴头。最好不要混合几种不同的肥料，避免发生化学作用而产生沉淀。

九、细小部件的维护

水肥一体化系统是一套精密的灌溉装置，许多部件为塑料制品，在使用过程中要注意各步操作的密切配合，不可猛力扭动各个旋钮和开关。在打开各个容器时，注意一些小部件要依原样安回，不要丢失。

水肥一体化系统的使用寿命与系统保养水平有直接关系，保养得越好，使用寿命越长，效益越持久。

第六章 水肥一体化技术的灌溉施肥制度

水肥一体化技术最重要的配套就是灌溉施肥制度，它是针对微灌设备应用和作物产量目标提出的，是在一定气候、土壤等自然条件下和一定的农业技术措施下，为使作物获得高额而稳定的产量所制定的一整套灌溉和施肥制度。

第一节
水肥一体化的灌溉制度

灌溉制度的拟定包括确定作物全生育期的灌溉定额、灌水次数、灌水的间隔时间、一次灌水的延续时间和灌水定额等。决定灌溉制度的因素主要包括土壤质地、土壤最大持水量（称为田间持水量）、作物的需水特性、作物根系分布、土壤含水量、微灌设备每小时的出水量、降水情况、温度、设施条件和农业技术措施等。反过来说，灌溉制度中各项参数也是设备选择和灌溉管理的依据。

一、水肥一体化技术灌溉制度的有关参数

1. 土壤湿润比

水肥一体化中的微灌（微喷灌和滴灌等）与地面大水灌溉在土壤湿润度方面有很大的不同。一般来说，地面大水灌溉是全面的灌溉，水全面覆盖田块，并且渗透到较深的土层中。而微灌条件下，

只有部分土壤补充水湿润，通常用土壤湿润比来表示。

土壤湿润比是指在计划湿润土层深度内，所湿润的土体与灌溉区域总土体的比值。在拟定水肥一体化技术灌溉制度的时候，要根据气候条件、作物需水特性、作物根系分布、土壤理化性状及地面坡度等设计土壤湿润比。确定合理的土壤湿润比，可减少工程投资，提高灌溉效益。一般土壤湿润比以地面以下20～30厘米处的平均湿润面积与作物种植面积的百分比近似地表示。土壤湿润比一般在微灌工程设计时已经确定（表6-1），并且是灌溉制度拟定的重要参数之一。

表6-1 微灌土壤湿润比参考值

作物	滴管和小管出流/%	微喷灌/%
一般果树	25～30	40～60
葡萄、瓜类	30～50	40～70

注：降雨多的地区宜选下限值，降雨少的地区宜选上限值。

2.计划湿润深度

不同的作物根系特点不同，有深根性作物，有浅根性作物。同一种作物的根系在不同的生长发育时期在土壤中的分布深度也不同，灌溉的目的是有利于作物根系对水分的吸收利用，促进作物生长。从节约用水的角度讲，应尽可能使灌溉水分布在作物根系层，减少深层的渗漏损失。因此，制定灌溉制度时应考虑灌水在土壤中的湿润深度，根据作物的根系特点来计划灌溉的湿润深度。根据各地的经验，果树根据品种、树龄的不同，适宜的土壤湿润深度为0.8～1.2米。

3.灌溉上限

田间持水量是指土壤中毛管悬着水达到最大时的土壤含水量，又称最大持水量。当降雨或灌溉水量超过田间持水量时，只能加深土壤湿润深度，而不能再增加土壤含水量，因此它是土壤中有效含水量的上限值，也是灌溉后计划作物根系分布层的平均土壤含水量。

由于微灌灌溉保证率高，操作方便，灌溉设计上限一般采用田间持水量的 85%～95%。生产实践中，需要实地测定田间持水量，也可根据不同的土壤质地，从表 6-2 中选择田间持水量作为计算灌溉上限的参考数值。

表 6-2　主要土壤质地的凋萎系数与田间持水量

土壤质地	土壤容重/(克/厘米³)	凋萎系数/%		田间持水量/%	
		重量	体积	重量	体积
紧砂土	1.45	—	—	16～22	26～32
砂壤土	1.36～1.54	4～6	5～9	22～30	32～42
轻壤土	1.40～1.52	4～9	6～12	22～28	30～36
中壤土	1.40～1.55	6～10	8～15	22～28	30～35
重壤土	1.38～1.54	6～13	9～18	22～28	32～42
轻黏土	1.35～1.44	15	20	28～32	40～45
中黏土	1.30～1.45	12～17	17～24	25～35	35～45
重黏土	1.32～1.40	—	—	30～35	40～50

4. 灌溉下限

土壤中的水分并不是全部能被植物的根系吸收利用，能够被根系吸收利用的土壤含水量才是有效的，称为有效含水量。当土壤中的水由于作物蒸腾和棵间土壤蒸发消耗减少到一定程度时，水的连续状态发生断裂，此时作物虽然还能从土壤中吸收水分，但因补给量不足，不能满足作物生长需求，生长受到阻滞，此时的土壤含水量称为作物生长阻滞含水量，也就是灌溉前计划作物根系分布层的平均土壤含水量，是灌溉下限设计的重要依据。对大多数作物来说，当土壤含水量下降到土壤田间持水量的 55%～65% 时作物生长就会受到阻滞，以此可作为灌溉下限的指标依据。

5. 灌溉水利用系数

灌溉水利用系数是指一定时期内田间所需消耗净水量与渠（管）首进水总量的比值，通常以 η 表示。公式为：

$$\eta = \frac{w_{净}}{w_{供}}$$

式中，η 为灌溉水利用系数；$w_{净}$ 为田间消耗净水量，毫米或米^2；$w_{供}$ 为渠（管）首进水总量，毫米或米^2。

灌溉水利用系数是表示灌溉水输送状况的一个指标，它反映全灌区各级渠（管）道输水损失和田间可用水状况。不同质量的渠（管）系统，灌溉水利用系数不同，渠道衬砌后，减少水流的下渗损失，提高输水质量，灌溉水利用系数可以提 30%以上；利用管道输水，灌溉水利用系数可以达到 90%以上。

二、水肥一体化灌溉制度的制定

1. 收集资料

首先要收集当地气象资料，包括常年降水量、降水月分布、气温变化、有效积温。其次要收集主要作物种植资料，包括播种期、需水特性、需水关键期及根系发育特点、种植密度、常年产量水平等。最后要收集土壤资料，包括土壤质地、田间持水量等。

2. 确定灌溉定额

灌溉的目的是补充降水量的不足，因此从理论上讲，微灌灌溉定额是作物全生育期的需水量与降水量的差值。表示为：

$$W_{总} = P_w - R_w$$

式中，$W_{总}$ 为灌溉定额，毫米或米^3；P_w 为作物全生育期需水量，毫米或米^3；R_w 为作物全生育期内的常年降水量，毫米或米^3。

确定日光温室的灌溉定额时主要是考虑作物全生育期的需水量，因为 R_w 为零。作物全生育期需水量 P_w 则可以通过作物日耗水强度进行计算：

$$P_w = (作物日耗水量 \times 生育期天数)/\eta$$

灌溉定额是总体上的灌水量控制指标，但在实际生产中，降水量不仅在数量上要满足作物生长发育的需求，还需要在时间上与作物需水关键期吻合，才能充分利用自然降水。因此，还需要根据灌水次数和每次灌水量，对灌溉定额进行调整。

3. 确定灌水定额

灌水定额是指一次单位面积上的灌水量，通常以米^3/亩或毫米表示，由于作物的需水量大于降水量，每次灌水量都是在补充降水的不足。每次灌水量又因作物生长发育阶段的需水特性和土壤现时含水量的不同而不同，因此，每种作物生育阶段的灌水定额都需要计算确定。

灌水定额主要依据土壤的存储水能力，一般土壤存储水量的能力顺序为：黏土＞壤土＞砂土。以每次灌水达到田间持水量的90％计算，黏土的灌水定额最大，依次是壤土、砂土。灌水定额计算时需要土壤湿润比、计划湿润深度、土壤容重、灌溉上限与灌溉下限的差值和灌溉水利用系数等参数。

灌水定额的计算公式为：

$$W = 0.1phr(\theta_{max} - \theta_{min})/\eta$$

式中，W 为灌水定额，毫米；p 为土壤湿润比，％，参见表6-1；h 为计划湿润层深度，米；r 为土壤容重，克/厘米^3；θ_{max} 为灌溉上限，以占田间持水量的百分数表示，％，下同；θ_{min} 为灌溉下限，％；η 为灌溉水利用系数，在微灌条件下一般选取 0.9～0.95。

4. 确定灌水时间间隔

微灌条件下每一次灌水定额要比地面大水灌溉量少得多，当上一次的灌水量被作物消耗之后，就需要又一次灌溉了。因此，灌水之间的时间间隔取决于上一次灌水定额和作物耗水强度。当作物确定之后，在不同质地的土壤上要想获得相同的产量，总的耗水量相差不会太大，所以灌溉频率应该是砂土最大，壤土次之，黏土最小；灌水时间间隔是黏土最大，壤土次之，砂土最小。

灌水时间间隔（灌水周期）可采用以下公式计算：

$$T = \frac{W}{E} \times \eta$$

式中，T 为灌水时间间隔，天；W 为灌水定额，毫米；E 为作物需水强度或耗水强度，毫米/天；η 为灌溉水利用系数，在微灌条件下一般选取 $0.9 \sim 0.95$。

不同作物的需水量不同，作物不同生育阶段的需水量也不同，表 6-3 提供了一些作物的耗水强度。在实际生产中，灌水时间间隔可以按作物生育期的需水特性分别计算。灌水时间间隔还受到气候条件的影响。在露地栽培的条件下，受到自然降水的影响，灌水时间间隔的设计主要体现在干旱少雨阶段的微灌管理。在设施栽培的条件下，灌水时间间隔受到气温的影响较大，在遇到低温时，作物耗水强度下降，同样数量的水消耗的时间缩短，因此，实际生产中需要根据气候和土壤含水量来增大或缩小灌水时间间隔。

表 6-3　主要作物的耗水强度

作物	滴灌/(毫米/天)	微喷灌/(毫米/天)
一般果树	$3 \sim 5$	$4 \sim 6$
葡萄、瓜类	$3 \sim 6$	$4 \sim 7$

5. 确定一次灌水延续时间

一次灌水延续时间是指完成一次灌水定额时所需要的时间，也间接地反映了微灌设备的工作时间。在每次灌水定额确定之后，灌水器的间距、毛管的间距和灌水器的出水量都直接影响灌水延续时间。

计算公式为：

$$t = w S_e S_r / q$$

式中，t 为一次灌水延续时间，小时；w 为灌水定额，毫米；S_e 为灌水器间距（米）；S_r 为毛管间距，米；q 为灌水器流量，升/小时。

对于成龄果树，一棵树安装 n 个滴头灌溉时，则式中 S_e 为果树的株距（米），S_r 为果树的行距（米）。

6. 确定灌水次数

当灌溉定额和灌水定额确定之后，就可以很容易地确定灌水次数了。用公式表示为：

$$灌水次数＝灌溉定额/灌水定额$$

采用微灌时，作物全生育期（或全年）的灌水次数比传统地面灌溉的次数多，并且随作物种类和水源条件等而不同。在露地栽培条件下，降水量和降水分布直接影响灌水次数。应根据墒情监测结果确定灌水的时间和次数。在设施栽培中进行微灌技术应用时，可以根据作物生育期分别确定灌水次数，累计得出作物全生育期或全年的灌水次数。

7. 确定灌溉制度

根据上述各项参数的计算，可以最终确定在当地气候、土壤等自然条件下，某种作物的灌水次数、灌水日期和灌水定额及灌溉定额，使作物的灌溉管理用制度化的方法确定下来。由于灌溉制度是以正常年份的降水量为依据的，在实际生产中，灌水次数、灌水日期和灌水定额需要根据当年的降水和作物生长情况进行调整。

三、农田水分管理

作物正常生长要求土壤中水分状况处于适宜范围。土壤过干或者过湿均不利于根系的生长。当土壤变干时，必须及时灌溉来满足作物对水分的需要。但土壤过湿或者积水时，必须及时排走多余的水分。在大部分情况下，调节土壤水分状况主要是进行灌溉。当进行灌溉作业时，需要灌多少水，什么时候开始灌溉，什么时候灌溉结束，土壤需要湿润到什么深度等问题是进行科学合理灌溉的主要问题，都需要通过水分监测来进行。

1. 土壤水分监测

（1）张力计　张力计可用于监测土壤水分状况并指导灌溉，是目前在田间应用较广泛的水分监测设备。张力计测定的是土壤的基质势，并非土壤的含水率，从而了解土壤水分状况。

① 张力计的构造。张力计主要构成如下（图6-1）：一是陶瓷头，上面密布微小孔隙，水分子及离子可以进入，通过陶瓷头上的

微孔土壤水与张力计储水管中的水分进行交换；二是储水管，一般由透明的有机玻璃制造。根据张力计在土壤中的埋深，储水管长度从 15～100 厘米不等；三是压力表，安装于储水管顶部或侧边，刻度通常为 0～100 厘巴。

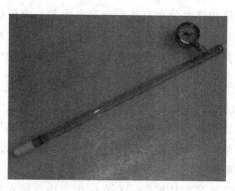

图 6-1　张力计

② 张力计的使用方法。第一步，按照说明书连接好各个配件，特别是各连接口的密封圈一定要放正，保证不漏气、不漏水。所有连接口勿旋太紧，以防接口处开裂。

第二步，选择土壤质地有代表性且较均匀的地面埋设张力计，用比张力计管径略大的土钻先在选定的点位钻孔，钻孔深度依张力计埋设深度而定。

第三步，将张力计储水管内装满水，旋紧盖子，加水时要慢，若出现气泡，必须将气泡驱除。为加水方便，建议用注射针筒或带尖出水口的洗瓶加水。

第四步，用现场土壤与水和成稀泥，填塞刚钻好的孔隙，将张力计垂直插入孔中，上下提张力计数次，直到陶瓷头与稀泥密切接触为止。张力计的陶瓷头必须和土壤密切接触，否则张力计不起作用。

第五步，待张力计内水分与土壤水分状况达到平衡后即可读数。张力计一旦埋设，不能再受外力碰触，对于经常观察的张力计，应该置保护装置，以免田间作业时碰坏。

当土壤过干时，会将储水管中的全部吸干，使管内进入空气。由于储水管是透明的，为防止水被吸干而疏忽观察，加水时可加入少量燃料，有色水更容易观察。

张力计对一般土壤而言可以满足水分监测的需要。但对沙土、过黏重的土壤和盐土，张力计不能发挥作用。沙土因孔隙太大，土壤与陶瓷头无法紧密接触，形成不了水膜，故无法显示真实数值；过分黏重的土壤中微细的黏粒会将陶瓷头的微孔堵塞，使水分无法进出陶瓷头；盐碱土因含有较多盐分，渗透势在总水势中占的比重越来越大，用张力计监测水分含量可能比实际要低。当土壤中渗透势绝对值大于 20 千帕时，必须考虑渗透势的影响。

（2）中子探测器　中子探测器的原理是中子从一个高能量的中子源发射到土壤中，中子与氢原子碰撞后，动能减少，速度变小，这些速度较小的中子可以被检测器检测到。土壤中的大多数氢原子都存在于水分中，所以检测到的中子数量可转化为土壤水分量。转化时，因中子散射到土壤体积会随水分含量变化，所以也必须考虑到土壤容积的大小。在相对干燥的土壤里，散射的面积比潮湿的广。测量的土壤球体的半径范围为几厘米到几十厘米（图 6-2）。

图 6-2　智能型中子水分仪

（3）时域反射仪（TDR）　时域反射仪是基于水分子具有导电性和极性，还具有相对较高的绝缘灵敏度，该绝缘灵敏度可代表电磁能的吸收容量。设备由两根平行金属棒构成，棒长为几十厘米，可插在土壤里。金属棒连有一个微波能脉冲产生器，示波器可记录电压的振幅，并传递在土壤介质中不同深度的两根棒之间的能量瞬时变化。由于土壤介电常数的变化取决于土壤含水量，由输出电压和水分的关系则可计算出土壤含水量（图6-3）。

图6-3 时域反射仪（TDR）

时域反射法的优点是精确度高、测量快速、操作简单、可在线连续监测、不破坏土壤结构。时域反射法的缺点是土壤质地、容重以及温度的影响显著，使用前需要进行标定；受土壤空隙影响明显；土壤湿度过大时，测量结果偏差较大；稳定性稍差；电路复杂，价格昂贵。

（4）频域反射法（FDR） 自1998年以来，频域反射法（FDR）已逐步为自动测量土壤水分最主要的方法，频域反射法利用电磁脉冲原理，根据电磁波在介质中传播的频率来测量土壤的表观介电常数，从而计算出土壤体积含水量。

频域反射法无论从成本上还是从技术的实现难度上都较TDR低，在电极的几何开关设计和工作频率的选取上有更大的自由度，而且能够测量土壤颗粒中束缚水含量。大多数FDR在低频（≤100兆赫兹）工作，能够测定被土壤细颗粒束缚的水，这些水不能被工作频率超过250兆赫兹的TDR有效测定。FDR无需严格的校准，操作简单，不受土壤容重、温度的影响，探头可与传统的数据采集器相连，从而实现自动连续监测（图6-4）。

图 6-4　频域反射土壤水分站

（5）驻波率（SWR）　驻波原理与 TDR 和 FDR 两种土壤水分测量方法一样，同属于介电测量。该方法是 Gaskin 等针对 TDR 方法和 FDR 方法的缺陷，于 1995 年提出的土壤水分测量方法。SWR 型土壤水分传感器测量的是土壤的体积含水量，理论上 SWR 型土壤水分传感器的静态数学模型是一个三次多项式。对传感器进行标定时，将传感器在标准土样中进行测试，测量其输出电压，可得到一组测量数据，再通过回归分析确定出回归系数，即可得到传感器的特性方程。在实际应用中，只要测量不同土壤中的输出电压，根据特性方程便可换算出土壤的实际含水量。

（6）土壤湿润前峰探测仪　土壤湿润前峰探测仪是由南非的阿革里普拉思有限公司生产，该产品原理及外观图见图 6-5。它是由一个塑料漏斗、一片不锈钢网（作过滤用）、一根泡沫浮标组成，安装好后将漏斗埋入根区。当灌溉时，水分在土壤中移动，当湿润峰达到漏斗边缘时，一部分水分随漏斗壁流动进入漏斗下部，充分进水后，此处土壤处于水分饱和状态，自由水分将通过漏斗下部的过滤器进入底部的一个小蓄水管，蓄水管中的水达到一定深度后，产生浮力将浮标顶起。浮标长度为地面至漏斗基部的距离。用户通过地面露出部分浮标的升降即可了解湿润峰到达的位置，从而作出停止灌溉的决定。当露出地面的浮标慢慢下降时，表明土壤水减少，或湿润峰前移，下降到一定程度即可再灌水。

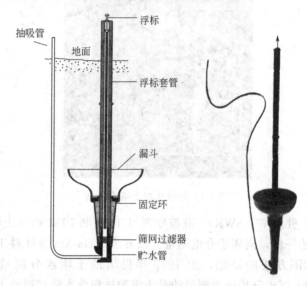

图6-5　土壤湿润前峰探测仪

2. 植物水分检测

灌溉的最终目的是为了满足作物的水分需求。通常可以从作物形态指标上来观察，如作物生长速率减缓、幼嫩枝叶的凋萎等。形态指标虽然易于观察，但是当作物在形态上表现出受干旱或者缺水症状时，其体内的生理、生化过程早已受到水分亏缺的危害，这些形态症状只不过是生理、生化过程改变的结果。因此，应用灌溉的生理指标更为及时和灵敏。但生理指标测定需要精密仪器，在生产上的应用存在局限性。

（1）叶水势　叶水势是一个灵敏反映作物水分状况的指标。当作物缺水时，叶水势下降。对不同作物，发生干旱危害的叶水势临界值不同。玉米当叶水势达到－0.80兆帕时，光合作用开始下降，当叶水势达到－1.2兆帕时，光合作用完全停止。但叶水分在一天之内变化很大，不同叶片、不同取样实践测定的水势值是有差异的。一般取样时间在上午9～10时为好。

（2）细胞汁液浓度或渗透势　干旱情况下叶片细胞汁液浓度常比正常水分含量的作物高，当作物缺水时，叶片细胞汁液浓度增高，当细胞汁液浓度超过一定值后，就会阻碍植株生长。汁液浓度可作为灌溉生理指标，例如，冬小麦功能叶的汁液浓度，拔节到抽穗期以6.5%～8.0%为宜，9.0%以上表示缺水，抽穗后以10%～11%为宜，超过12.5%～13%时应灌水。测定时需要将叶片捣碎榨汁，在田间可以用便携式电导率仪测定。

第二节
水肥一体化技术的
肥料选择

肥料的种类很多，但由于水肥一体化技术中肥料必须与灌溉水结合才能使用，因此对肥料的品种、质量、溶解性都有一定要求。

一、水肥一体化技术下的肥料品种与选择

1. 适用肥料选择原则

一般根据肥料的质量、价格、溶解性等来选择，要求肥料具备以下条件。

（1）溶解性好　在常温条件下能够完全溶解于灌溉水中，溶解后要求溶液中养分浓度较高，而且不会产生沉淀阻塞过滤器和滴头（不溶物含量低于5%，调理剂含量最小）。

① 常见肥料的溶解性。良好的溶解性是保证该水肥一体化技术运行的基础。所有的液体肥料和常温下能够完全溶解的固体肥料都可以使用。不溶或部分溶解的固体肥料最好不用于水肥一体化技术中，以免堵塞灌溉系统而造成严重损失。表6-4为常用肥料的溶解性，选择肥料时进行参考。

表 6-4　化肥在不同温度下的溶解度　　　单位：克

化合物	分子式	0℃	10℃	20℃	30℃
尿素	$CO(NH_2)_2$	680	850	1060	1330
硝酸铵	NH_4NO_3	1183	1580	1950	2420
硫酸铵	$(NH_4)_2SO_4$	706	730	750	780
硝酸钙	$Ca(NO_3)_2$	1020	1240	1294	1620
硝酸钾	KNO_3	130	210	320	460
硫酸钾	K_2SO_4	70	90	110	130
氯化钾	KCl	280	310	340	370
磷酸氢二钾	K_2HPO_4	1328	1488	1600	1790
磷酸二氢钾	KH_2PO_4	142	178	225	274
磷酸二铵	$(NH_4)_2HPO_4$	429	628	692	748
磷酸一铵	$NH_4H_2PO_4$	227	295	374	464
氯化镁	$MgCl_2$	528	540	546	568

②　肥料的溶解反应。多数肥料溶解时会伴随热反应。如磷酸溶解时会放出热量，使水温升高；尿素溶解时会吸收热量，使水温降低，了解这些反应对于配置营养母液有一定的指导意义。如气温较低时为防止盐析作用，应合理安排各种肥料的溶解顺序，尽量利用它们之间的热量来溶解肥料。不同化肥在不同温度下的每升水溶解度见表 6-4。

（2）兼容性强　能与其他肥料混合施用，基本不产生沉淀，保证两种或两种以上养分能够同时施用，减少施肥时间，提高效率。

①　溶液中最不易溶解的盐的溶解度限制混合液的溶解度，如将硫酸铵与氯化钾混合后，硫酸钾的溶解度决定了混合液的溶解度，因为生成的硫酸钾是该混合液中溶解度最小的。

②　肥料间发生化学反应生成沉淀，阻塞滴头和过滤器，降低养分有效性。如硝酸钙与任何形式的硫酸盐形成硫酸钙沉淀，硝酸钙与任何形式的磷酸盐形成磷酸钙沉淀，镁与磷酸一铵或磷酸二铵形成磷酸镁沉淀，硫酸铵与氯化钾或硝酸钾形成硫酸钾沉淀，磷酸

盐与铁形成磷酸铁沉淀等。

③ 生产中，为避免肥料混合后相互作用产生沉淀，应采用两个以上的储肥罐，在一个储存罐中储存钙、镁和微量营养元素，在另一个储存罐中储存磷酸盐和硫酸盐，确保安全有效地灌溉施肥。

各种肥料混合的适宜性如图 6-6 所示。

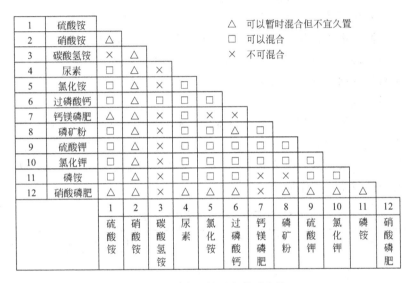

图 6-6　各种肥料混合的适宜性

（3）作用力弱　与灌溉水的相互作用很小，不会引起灌溉水的pH 剧烈变化，也不会与灌溉水产生不利的化学反应。

① 与硬质和碱性灌溉水生成沉淀化合物。灌溉水中通常含有各种离子和杂质，如钙镁离子、硫酸根离子、碳酸根和碳酸氢根离子等。这些灌溉水固有的离子达到一定浓度时，会与肥料中有关离子反应，产生沉淀。这些沉淀易堵塞滴头和过滤器，降低养分的有效性。如果在微灌系统中定期注入酸溶液（如硫酸、磷酸、盐酸等），可溶解沉淀，以防滴头堵塞。

② 高电导率可以使作物受到伤害或中毒。含盐灌溉水的电导

率较高，再加入化肥，使灌溉水的电导率较高，一些敏感作物和特殊作物可能会受到伤害。生产中应检验作物对盐害的敏感性，选用盐分指数低的肥料或进行淋溶洗盐。

（4）腐蚀性小　对灌溉系统和有关部件的腐蚀性要小，以延长灌溉设备和施肥设备的使用寿命。

2. 用于水肥一体化技术的常用肥料

水肥一体化技术对设备、肥料以及管理方式有着较高的要求。由于滴灌灌水器的流道细小或狭长，所以一般只能用水溶性固态肥料或液态肥，以防流道堵塞。而喷灌喷头的流道较大，且喷灌的喷水有如降雨一样，可以喷洒叶面肥。因此，喷灌施肥对肥料的要求相对要低一点。

（1）氮肥　常用于水肥一体化技术的氮肥见表6-5。其中，尿素是最常用的氮肥，纯净，极易溶于水，在水中完全溶解，没有任何残余。尿素进入土壤后3～5天，经水解、氨化和硝化作用，转变为硝酸盐，供作物吸收利用。

表 6-5　常用于水肥一体化技术的含氮肥料

肥料	养分含量	分子式	pH(1 克/升,20℃)
尿素	46-0-0	$CO(NH_2)_2$	5.8
硫酸铵	21-0-0	$(NH_4)_2SO_4$	5.5
硝酸铵	34-0-0	NH_4NO_3	5.7
磷酸一铵	12-61-0	$NH_4H_2PO_4$	4.9
磷酸二铵	21-53-0	$(NH_4)_2HPO_4$	8.0
硝酸钾	13-0-46	KNO_3	7.0
硝酸钙	15-0-0	$Ca(NO_3)_2$	5.8
硝酸镁	11-0-0	$Mg(NO_3)_2$	5.4

（2）磷肥　常用于水肥一体化技术的磷肥见表6-6。其中，磷酸非常适合水肥一体化技术中，通过滴注器或微型灌溉系统灌溉施肥时，建议使用酸性磷酸。

表 6-6　用于水肥一体化技术的含磷肥料

肥料	养分含量	分子式	pH(1 克/升,20℃)
磷酸	0-52-0	H_3PO_4	2.6
磷酸二氢钾	0-52-34	KH_2PO_4	5.5
磷酸一铵	12-61-0	$NH_4H_2PO_4$	4.9
磷酸二铵	21-53-0	$(NH_4)_2HPO_4$	8.0

（3）钾肥　常用于水肥一体化技术的钾肥见表 6-7。其中，氯化钾、硫酸钾、硝酸钾最为常用。

表 6-7　用于水肥一体化技术的含钾肥料

肥料	养分含量	分子式	pH(1 克/升,20℃)	其他成分
氯化钾	0-0-60	KCl	7.0	46%Cl
硫酸钾	0-0-50	K_2SO_4	3.7	18%S
硝酸钾	13-0-46	KNO_3	7.0	
磷酸二氢钾	0-52-34	KH_2PO_4	5.5	
硫代硫酸钾	0-0-25	$K_2S_2O_3$		17%S

氯化钾是最廉价的钾源，建议使用白色氯化钾，其溶解度高，溶解速度快。不建议使用红色氯化钾，其红色不溶物（氧化铁）会堵塞出水口。

硫酸钾常用在对氯敏感的作物上。但肥料中的硫酸根限制了其在硬水中使用，因为易在硬水中生成硫酸钙沉淀。

硝酸钾是非常适合水肥一体化技术的二元肥料，但在作物生长末期，当作物对钾需求增加时，硝酸根不但没有利用价值，反而会对作物起反作用。

（4）中微量元素　中微量元素肥料中，绝大部分溶解性好、杂质少。钙肥常用的有硝酸钙、硝酸铵钙。镁肥中常用的有硫酸镁，硝酸镁价格高很少使用，硫酸钾镁也越来越普及施用。

水肥一体化技术中常用的微肥是铁、锰、铜、锌的无机盐或螯合物。无机盐一般为铁、锰、铜、锌的硫酸盐，其中硫酸亚铁容易产生沉淀，此外还易与磷酸盐反应产生沉淀堵塞滴头。螯合物金属离子与稳定的、具有保护作用的有机分子相结合，避免产生沉淀、发生水解，但价格较高。常用于水肥一体化技术的中微量元素肥料见表 6-8。

表 6-8　用于水肥一体化技术的中微量元素肥料

肥料	养分含量/%	分子式	溶解度(1克/100毫升,20℃)
硝酸钙	钙 19	$Ca(NO_3)_2 \cdot 4H_2O$	100
硝酸铵钙	钙 19	$5Ca(NO_3)_2 \cdot NH_4NO_3 \cdot 10H_2O$	易溶
氯化钙	钙 27	$CaCl_2 \cdot 2H_2O$	75
硫酸镁	镁 9.6	$MgSO_4 \cdot 7H_2O$	26
氯化镁	镁 25.6	$MgCl_2$	74
硝酸镁	镁 9.4	$Mg(NO_3)_2 \cdot 6H_2O$	42
硫酸钾镁	镁 5~7	$MgSO_4 \cdot K_2SO_4$	易溶
硼酸	硼 17.5	H_3BO_3	6.4
硼砂	硼 11.0	$Na_2B_4O_7 \cdot 10H_2O$	2.1
水溶性硼	硼 20.5	$Na_2B_8O_{13} \cdot 4H_2O$	易溶
硫酸铜	铜 25.5	$CuSO_4 \cdot 5H_2O$	35.8
硫酸锰	锰 30.0	$MnSO_4 \cdot H_2O$	63
硫酸锌	锌 21.0	$ZnSO_4 \cdot 7H_2O$	54
钼酸	钼 59	$MoO_3 \cdot H_2O$	0.2
钼酸铵	钼 54	$(NH_4)_6Mo_7O_{24} \cdot 4H_2O$	150
螯合锌	锌 5~14	DTPA 或 EDTA	易溶
螯合铁	铁 4~14	DTPA、EDTA 或 EDDHA	易溶
螯合锰	锰 5~12	DTPA 或 EDTA	易溶
螯合铜	铜 5~14	DTPA 或 EDTA	易溶

（5）有机肥料　有机肥要用于水肥一体化技术，主要解决两个问题：一是有机肥必须液体化，二是要经过多级过滤。一般易沤腐、残渣少的有机肥都适合于水肥一体化技术；含纤维素、木质素

多的有机肥不宜于水肥一体化技术，如秸秆类。有些有机物料本身就是液体的，如酒精厂、味精厂的废液。但有些有机肥沤后含残渣太多不宜做滴灌肥料（如花生麸）。沤腐液体有机肥应用于滴灌更加方便，只要肥液不存在导致微灌系统堵塞的颗粒，均可直接使用。

（6）水溶性复混肥　水溶性肥料是近几年兴起的一种新型肥料，是指经水溶解或稀释，用于灌溉施肥、无土栽培、浸种蘸根等用途的液体肥料或固体肥料。在实际生产中，水溶性肥料主要是水溶性复混肥，不包括尿素、氯化钾等单质水溶肥料，目前必须经过国家化肥质量监督检验中心进行登记。根据其组分不同，可以分为大量元素水溶肥料、微量元素水溶肥料、中量元素水溶肥料、含氨基酸水溶肥料、含腐殖酸水溶肥料。在这5类肥料中，大量水溶肥料既能满足作物多种养分需求，又适合水肥一体化技术，是未来发展的主要类型。各类肥料的养分指标见表6-9～表6-16。

表6-9　**大量元素水溶肥料指标**（中量元素型，NY 1107—2010）

项目	固体指标	液体指标
大量元素含量	≥50.0%	≥500 克/升
中量元素含量	≥1.0%	≥10 克/升
水不溶物含量	≤5.0%	≤50 克/升
pH 值(1∶250 倍稀释)	3.0～9.0	
水分(H$_2$O)	≤3.0%	—

注：大量元素含量指 N、P$_2$O$_5$、K$_2$O 含量之和，产品应至少包含两种大量元素，单一大量元素含量不低于 4.0%（40 克/升）。中量元素含量指钙、镁元素含量之和，产品应至少包含一种中量元素，单一中量元素含量不低于 0.1%（1 克/升）。

表6-10　**大量元素水溶肥料指标**（微量元素型，NY 1107—2010）

项目	固体指标	液体指标
大量元素含量	≥50.0%	≥500 克/升
微量元素含量	≥0.2%～3.0%	≥2～30 克/升
水不溶物含量	≤5.0%	≤50 克/升

续表

项目	固体指标	液体指标
pH 值(1∶250 倍稀释)	3.0～9.0	
水分(H_2O)	≤3.0%	—

注：大量元素含量指 N、P_2O_5、K_2O 含量之和，产品应至少包含两种大量元素，单一大量元素含量不低于 4.0%（40 克/升）。微量元素含量指铜、铁、锰、锌、硼、钼元素含量之和，产品应至少包含一种微量元素，含量不低于 0.05%（0.5 克/升）的单一微量元素均应计入微量元素含量中，钼元素含量不高于 0.5%（5 克/升）（单质含钼微量元素产品除外）。

表 6-11　**中量元素水溶肥料指标**（NY 2266—2012）

项目	固体指标	液体指标
中量元素含量	≥10.0%	≥100 克/升
水不溶物含量	≤5.0%	≤50 克/升
pH 值(1∶250 倍稀释)	3.0～9.0	
水分(H_2O)	≤3.0%	—

注：中量元素含量指钙含量或镁含量或钙镁含量之和，含量不低于 1.0%（10 克/升）的钙或镁元素均应计入中量元素含量中，硫元素含量不计入中量元素中，仅在标识中标注。

表 6-12　**微量元素水溶肥料指标**（NY 1428—2010）

项目	固体指标	液体指标
微量元素含量	≥10.0%	≥100 克/升
水不溶物含量	≤5.0%	≤50 克/升
pH 值(1∶250 倍稀释)	3.0～10.0	
水分(H_2O)	≤6.0%	—

注：微量元素含量指铜、铁、锰、锌、硼、钼元素含量之和，产品应至少包含一种微量元素，含量不低于 0.05%（0.5 克/升）的单一微量元素均应计入微量元素含量中，钼元素含量不高于 1.0%（10 克/升）（单质含钼微量元素产品除外）。

表 6-13 **含氨基酸水溶肥料指标**（微量元素型，NY 1429—2010）

项目	固体指标	液体指标
游离氨基酸含量	≥10.0%	≥100 克/升
微量元素含量	≥2.0%	≥20 克/升
水不溶物含量	≤5.0%	≤50 克/升
pH 值（1∶250 倍稀释）	3.0～9.0	
水分（H_2O）	≤4.0%	—
汞（Hg）（以元素计）	≤5 毫克/千克	
砷（As）（以元素计）	≤10 毫克/千克	
镉（Cd）（以元素计）	≤10 毫克/千克	
铅（Pb）（以元素计）	≤50 毫克/千克	
铬（Cr）（以元素计）	≤50 毫克/千克	

注：微量元素含量指铜、铁、锰、锌、硼、钼元素含量之和，产品应至少包含一种微量元素，含量不低于 0.05%（0.5 克/升）的单一微量元素均应计入微量元素含量中，钼元素含量不高于 0.5%（5 克/升）。

表 6-14 **含氨基酸水溶肥料指标**（中量元素型，NY 1429—2010）

项目	固体指标	液体指标
游离氨基酸含量	≥10.0%	≥100 克/升
中量元素含量	≥3.0%	≥30 克/升
水不溶物含量	≤5.0%	≤50 克/升
pH 值（1∶250 倍稀释）	3.0～9.0	
水分（H_2O）	≤4.0%	—
汞（Hg）（以元素计）	≤5 毫克/千克	
砷（As）（以元素计）	≤10 毫克/千克	
镉（Cd）（以元素计）	≤10 毫克/千克	
铅（Pb）（以元素计）	≤50 毫克/千克	
铬（Cr）（以元素计）	≤50 毫克/千克	

注：中量元素含量指钙、镁元素含量之和，产品应至少包含一种中量元素，含量不低于 0.1%（1 克/升）的单一中量元素均应计入中量元素含量中。

表 6-15 含腐殖酸水溶肥料指标（大量元素型，NY 1106—2010）

项目	固体指标	液体指标
游离腐殖酸含量	≥3.0%	≥30 克/升
大量元素含量	≥20.0%	≥200 克/升
水不溶物含量	≤5.0%	≤50 克/升
pH 值(1∶250 倍稀释)	3.0~10.0	
水分(H_2O)	≤5.0%	—
汞(Hg)(以元素计)	≤5 毫克/千克	
砷(As)(以元素计)	≤10 毫克/千克	
镉(Cd)(以元素计)	≤10 毫克/千克	
铅(Pb)(以元素计)	≤50 毫克/千克	
铬(Cr)(以元素计)	≤50 毫克/千克	

注：大量元素含量指总 N、P_2O_5、K_2O 含量之和，产品应至少包含两种大量元素，单一大量元素含量不低于 2.0%（20 克/升）。

表 6-16 含腐殖酸水溶肥料指标（微量元素型，NY 1106—2010）

项目	指标
游离腐殖酸含量	≥3.0%
大量元素含量	≥6.0%
水不溶物含量	≤5.0%
pH 值(1∶250 倍稀释)	3.0~9.0
水分(H_2O)	≤5.0%
汞(Hg)(以元素计)	≤5 毫克/千克
砷(As)(以元素计)	≤10 毫克/千克
镉(Cd)(以元素计)	≤10 毫克/千克
铅(Pb)(以元素计)	≤50 毫克/千克
铬(Cr)(以元素计)	≤50 毫克/千克

注：微量元素含量指铜、铁、锰、锌、硼、钼元素含量之和，产品应至少包含一种微量元素，含量不低于 0.05% 的单一微量元素均应计入微量元素含量中，钼元素含量不高于 0.5%。

除上述有标准要求的水溶肥料外，还有一些新型水溶肥料，如糖醇螯合水溶肥料、含海藻酸型水溶肥料、木醋液（或竹醋液）水溶肥料、稀土型水溶肥料、有益元素类水溶肥料等也可用于水肥一体化技术中。

含氮磷钾养分大于50％及微量元素大于2％的固体水溶复混肥是目前市场上供应较多的品种，配方多、品牌多。常见配方有：高氮型（30-10-10＋TE）、高磷型（9-45-15＋TE、20-30-10＋TE、10-30-20＋TE、7-48-17＋2Mg＋TE、11-40-11＋2Mg＋TE 等）、高钾型（15-10-30＋TE、8-16-40＋TE、12-5-37＋2Mg＋TE、6-22-31＋2Mg＋TE、14-9-27＋2Mg＋TE、12-12-32＋2Mg＋TE等）、平衡型（19-19-19＋TE、20-20-20＋TE、18-18-18＋TE 等）。

二、氮磷钾储备液

1. 常用配方

虽然已有大量的商品水溶肥料供应，但是按照一定的配方用单质肥料自行配制营养液通常更为便宜。特别是在一些规模较大的农场或集约化种植的地方，由于土壤和作物的差异，自行配制营养液更有实际意义。养分组成由具体作物而定，养分的比例也可根据作物的不同生育期进行调整。配制一系列高浓度的营养液，施用时再按比例稀释是十分方便的，这些高浓度的营养液通常称为储备液或母液。"量体裁衣式"配制的营养液具有很高的灵活性，能更好地满足作物的需要。表6-17～表6-19列出了常用肥料配制的营养母液。

表 6-17　常用氮磷钾储备液配方表

类别	N：P₂O₅：K₂O	N-P₂O₅-K₂O	肥料添加顺序	相对密度	pH	电导率/毫西
K	0：0：1	0-0-7.9	KCl	1.06	6.7	0.22
NK	1：0：1	4.9-0-4.9	尿素/KCl	1.07	6.2	0.16
	1：0：3	2.7-0-8.1	尿素/KCl	1.09	5.1	0.24
	2：0：1	6.1-0-3.1	尿素/KCl	1.05	4.8	0.09

续表

类别	N：P₂O₅：K₂O	N-P₂O₅-K₂O	肥料添加顺序	相对密度	pH	电导率/毫西
PK	0：1：1	0-6.3-6.3	H_3PO_3/KCl	1.09	2.7	0.45
	0：1：2	0-3.7-7.4	H_3PO_3/KCl	1.11	3.3	0.35
	0：2：1	0-7.4-3.7	H_3PO_3/KCl	1.09	2.7	0.41
NPK	1：1：1	3.6-3.6-3.6	H_3PO_3/尿素/KCl	1.08	3.3	0.30
	1：1：3	2.7-2.7-8.1	H_3PO_3/尿素/KCl	1.11	3.6	0.36
	1：2：4	2.5-5.1-10.1	H_3PO_3/尿素/KCl	1.14	4.3	0.49
	3：1：3	5.1-1.7-5.1	H_3PO_3/尿素/KCl	1.08	3.7	0.22

表 6-18　自行配制氮磷钾储备液表

类别	N：P₂O₅：K₂O	养分组成/%			添加的质量(100 升容器)/千克				
		N	P₂O₅	K₂O	Urea	AS	PA	MKP	KCl
NPK	1：1：1	3.3	3.3	3.3	**7.2**	—	5.3	—	5.4
	1：1：1	4.4	4.6	4.9	**9.6**	—	—	8.8	3.0
	1：2：4	2.2	4.8	8.9	**4.8**	—	7.7	—	14.6
	3：1：1	6.9	2.3	4.3	**15.0**	—	3.7	—	7.0
	3：1：3	6.4	2.1	6.4	**13.9**	—	4.0	—	8.2
	1：2：1	2.5	5.0	2.5	**5.4**	—	8.1	—	4.1
NK	1：0：1	4.6	0	4.6	10.0	—	—	—	7.5
	1：0：2	1.9	0	3.9	—	9.0	—	—	6.4
	2：0：1	5.8	0	2.9	12.6	—	—	—	4.8
PK	0：1：1	0	5.8	5.8	—	—	9.4	—	9.5
	0：1：2	0	3.9	8.0	—	—	—	7.5	8.9
K	0：0：1	0	0	7.5	—	—	—	—	12.3

注：1. Urea 为尿素，AS 为硫酸铵，PA 为磷酸，MKP 为磷酸二氢钾。

2. 添加的质量数值用粗黑体、下划线分别表示加入的先后顺序，即粗黑体先加，然后下划线，最后是正常字体。

表 6-19　利用硫酸尿素与其他肥料配制的液体肥料

养分(N-P₂O₅-K₂O-S) (质量分数)/%	成分	含量 (质量分数)/%	加入顺序
3-6-6-5.2	水	50.7	1
	硫酸尿素(15%N)	20.0	2
	硫酸钾	11.6	3
	聚磷酸铵(10-34-0)	17.7	4
4-0-10-4.3	水	56.9	1
	硫酸尿素(15%N)	26.7	2
	氯化钾	16.5	3
4-4-10-4.3	水	49.9	1
	磷酸(52%P₂O₅)	7.7	2
	硫酸尿素(15%N)	26.7	3
	氯化钾	16.4	4
8-4-4-8.5	水	35.0	1
	硫酸尿素(15%N)	45.5	2
	硫酸钾	7.7	3
	聚磷酸铵(10-34-0)	11.8	4
10-2-10-3.3	水	43.5	1
	氯化钾	16.4	2
	尿素	13.8	3
	聚磷酸铵(10-34-0)	5.9	4
	硫酸尿素(15%N)	20.4	5
11.6-11.6-0-12.4	硫酸尿素(15%N)	77.6	无先后顺序
	磷酸(52%P₂O₅)	22.4	

2. 养分含量的换算

肥料有效养分的标识，通常以其氧化物含量的百分数表示，氮以纯氮（N%）表示，磷以五氧化二磷（P₂O₅%）表示，钾以氧化钾（K₂O%）表示。但有些情况下以元素单质表示计算更方便

（如配制营养母液）。

（1）元素与氧化物之间的换算关系　氮肥的养分含量不需要换算。磷肥换算因子：由 P_2O_5 换算成 P 的换算因子为 0.437，由 P 换算成 P_2O_5 的换算因子为 2.291。钾肥的换算因子：由 K_2O 换算成 K 的换算因子为 0.83，由 K 换算成 K_2O 的换算因子为 1.205。

（2）换算实例

① 计算一定体积液体肥料中营养元素的数量。某一营养元素的质量分数乘以液体容重（单位体积肥料的质量）。如密度为 1.15 千克/升的 1 升含量为 2-0-10 的液体肥料，养分计算如下。

含氮量：1 升×2％×1.15 千克/升＝23（克）N

含钾量：1 升×10％×1.15 千克/升＝115（克）K_2O→95.5 克 K

如施用 150 千克 K 需要：150÷95.5×1000＝1570（升），即需要上述母液 1570 升。

② 配制一定养分浓度的营养储备液。用两个例子来说明。

【例 1】　如要配制 100 千克氮、磷、钾比例为 6.4：2.1：6.4 的营养储备液，具体操作过程如下。

第一步，计算 N、P_2O_5、K_2O 含量：100 千克上述养分含量的储备液含 6.4 千克 N、2.1 千克 P_2O_5、6.4 千克 K_2O。

第二步，计算具体肥料用量：

2.1 千克 P_2O_5 需 KH_2PO_4 的量：2.1 千克÷52％＝4.04（千克）；

4.04 千克 KH_2PO_4 含 K_2O 量：4.04 千克×34％＝1.37 千克 K_2O。

余下的 K_2O（6.4－1.37＝5.03 千克）由 KCl 提供，5.03 千克 K_2O 需 KCl 量：5.03 千克÷61％＝8.24（千克）。

6.4 千克 N 需要尿素量：6.4 千克÷46％＝13.9 千克。

因此，配制上述比例的母液 100 千克需要尿素 13.9 千克、KH_2PO_4 4.04 千克、KCl 8.24 千克。

第三步，配制过程：在容器中加入 74 升水，加入 4.04 千克磷

酸二氢钾、13.9 千克尿素，再加入 8.24 千克氯化钾，搅拌完全溶
解后即可。

【例 2】 需要配制如下浓度的肥料混合液：N200 毫克/千克、
P_2O_5 80 毫克/千克、K_2O 125 毫克/千克，N：P_2O_5：K_2O 比例为
2.5：1：1.6，可用肥料有磷酸一铵、尿素、氯化钾。操作步骤
如下。

第一步，磷的计算：磷酸一铵含 P_2O_5 量为 61％，要配制 80
毫克/千克的 P_2O_5，则需要肥料实物量：80 毫克/千克÷61％＝
131（毫克/千克）磷酸一铵。

第二步，氮的计算：磷酸一铵的含 N 量为 12％，提供 80 毫克/
千克的 P_2O_5 需要 131 毫克/千克磷酸一铵肥料，此时可以供 N 量：
131 毫克/千克×12％＝15.7（毫克/千克）。

其余的 N（200－15.7＝184.3 毫克/千克）由尿素（N46％）
提供，尿素用量：184.3 毫克/千克÷46％＝400（毫克/千克）。

第三步，钾的计算：钾的需要量为 125 毫克/千克 K_2O，氯化
钾中含 K_2O 量为 61％，因此配制 125 毫克/千克 K_2O 需要氯化钾
量为 125÷61％＝205（毫克/千克）。

第四步，配制过程：在 1 米^3 水中加入 400 克尿素、131 克磷
酸一铵、205 克氯化钾即可配成含 N200 毫克/千克、P_2O_5 80 毫
克/千克、K_2O 125 毫克/千克的溶液。

第三节
水肥一体化技术的施肥制度

水肥一体化技术施肥制度包括确定作物全生育期的总施肥量、
每次施肥量及养分配比、施肥时期、肥料品种等。决定施肥制度的
因素主要包括土壤养分含量、作物的需肥特性、作物目标产量、肥
料利用率、施肥方式等。灌溉施肥制度拟定中主要是采用目标产量
法，即根据获得目标产量需要消耗的养分和各生育阶段养分吸收量

来确定养分供应量。由于影响施肥制度的因素本身就很复杂，特别是肥料利用率很难获得准确的数据，因此，应尽可能地收集多年多点微灌施肥条件下肥料利用率数据，以提高施肥制度拟定的科学性。

一、土壤养分检测

对于生长在土壤中的作物，土壤测试是确定肥料需求的必要手段。土壤分析应阐明土壤中某种营养元素的含量对要种植的某种具体作物而言是充足还是缺乏。土壤本身含有各种养分，通过先前施用化肥或有机肥也会有养分残留。但是土壤中的养分只有一小部分能被植物吸收利用，即对作物有效。氮主要存在于有机物中，并且只有被微生物分解形成硝态氮和铵态氮才能被作物吸收利用。土壤中的磷只有一小部分是速效磷，但土壤磷库会释放磷以维持土壤溶液的磷浓度。土壤中只有交换性钾和存在于溶液中的钾才能被作物吸收利用，但是随着有效钾不断被吸收，它与固定态钾之间的动态平衡被打破，钾会被转化释放到土壤溶液。测出土壤的营养元素总含量并不能说明它们对作物的有效性。现已有只浸提出潜在有效养分的分析方法，这些方法广泛应用于土壤分析实验室，分析数据可以可靠地估测养分的有效性。

不同元素和不同土壤的浸提方法也不同，一些方法用弱酸或弱碱作浸提剂，一些则使用离子交换树脂，以模拟根对养分的吸收。阳离子有效性（如钾离子）通常都是测定浸提的可交换性部分。在用分析数据进行诊断之前，必须要用田间试验中作物对养分的反应结果来校正分析数据。

确定一种作物对养分的需要量时，必须将作物对养分的总需求量减去土壤所含的有效养分含量。另外，灌溉施肥中使用的水溶性养分，特别是磷肥，在土壤中会发生反应而使有效性降低，对于用土壤种植的作物，施肥时必须考虑到这一点。例如磷肥的施用量通常比作物实际需要的量大，从而满足作物的吸收。

土壤和生长基质测试应包含另外两个参数：电导率（EC）和

pH。土壤和生长基质中水浸提物的电导率可反映可溶性盐分含量。施肥后没有被作物吸收的或没有淋失的那部分养分及灌溉水本身会造成盐分累积，盐分浓度增加会使根际环境的渗透压升高，根系对水分和养分的吸收减少，从而造成减产。一些离子过量会对作物有毒害作用，并会对土壤结构产生副作用。

土壤和生长基质浸提物的pH反映了土壤和生长基质的酸碱度。大多数作物在pH接近中性时长势最好。一些肥料具有酸化作用，如施用铵化合物会因氧化成硝态氮而使酸度增加。缓冲作物很弱的介质如粗质地沙壤土，酸化作物比细质地土壤更为明显。当灌溉水含有过量钠离子时，土壤会碱化。

以色列农业部推广中心已发布了标准取样程序。通常用土钻从土面下0～20厘米和20～40厘米两个土层采取有代表性的土样。对于深根作物，取样土层应为0～30厘米和30～60厘米；对于碱化土壤最好在地面60厘米下取样。需调查取样地块的土壤均匀度，若表层土壤的颜色、倾斜度和耕作历史不同，可将田块划为几小块来取样，每块均匀田地（或每小块田）和土层一般取30～40个点。然后将这些样品充分混合，取大概1千克土样带到实验室分析。生长期间的取样需在灌溉前进行，除去表层5厘米的土样，取样深度至15～20厘米。其他的步骤与上面所述的相同。

二、植物养分检测

大田作物上测土施肥和效应函数法都是产前定肥，而多年生果树常因气候等条件变化而引起的树体营养状况的变化，不宜采用测土施肥等方法，而植株测试可以解决这一问题。

植株测试一般分为两类：全量分析与组织速测。全量分析同时测定已结合在植物组织中的元素以及还留在植物汁液中的可溶性组分的元素，组织速测用来测定尚未被植物同化的留在植物汁液中的可溶性成分，实际上它代表的是已进入植物而尚未到达被利用部位的途中含量。

应用植株测试可以达到以下目的：对已察觉的症状进行诊断或

证实诊断；检出潜伏缺素期；研究植物生长过程中营养动态和规律；研究作物品种的营养特点，作为施肥的依据；应用于推荐施肥。

1. 植株测试的方法

（1）植株测试的方法　按测试方法分类有化学分析法、生物化学法、酶学方法、物理方法等。

化学分析用法是最常用、最有效的植株测试方法，按分析技术的不同，又将其分为植株常规分析和组织速测。植株常规分析多采用干样品，组织测定指分析新鲜植物组织汁液或浸出液中活性离子的浓度。前一方法是评价植物营养的主要技术，后者具有简便、快速的特点，宜于田间直接应用。

生物化学法是测定植株中某种生化物质来表征植株营养状况的方法，如用淀粉/碘作为氮的营养诊断法。

酶学方法：作物体内某些酶的活性与某些营养元素的多少有密切关系，根据这种酶活性的变化，即可判断某种营养元素的丰缺。

物理方法：如叶色诊断，叶片颜色→叶绿素→氮。

（2）测定部位　一般来说，植株不同部位的养分浓度之间及其与全株养分浓度间是有一定关系的。然而，同种器官不同部位的养分浓度也有很大差异，而且不同养分之间这种差异是不一致的。叶、根中氮浓度对氮素供应的变化更敏感一些，因此可作为敏感的指标。

如果树常以叶片作为测定部位，主要果树的叶片采集可参考表 6-20。

表 6-20　主要果树叶样品的采集

树种	取样部位	取样时间	取样数量和方法
苹果、梨、杏、李、樱桃	树冠外围中部新梢的中位叶（带叶柄）	盛花后 8～12 周或结果树新梢顶芽形成后 4 周	在 6～30 亩的果园，可用对角线法至少在 25 株树上取样，也可在第 5 到第 10 株上取样。取树冠外围东西南北 4 个方向的叶，每株 4～8 片，混合样不少于 100 片叶

续表

树种	取样部位	取样时间	取样数量和方法
桃	同苹果	盛花后 12～14 周	同苹果
葡萄	取果穗上面第一节上成熟叶的叶柄或果穗附近叶子上的叶柄	盛花后 4～8 周末花期	在一个果园随机固定若干取样区，取 80～100 片叶
草莓	取完全展开的最嫩的成熟叶(不带叶柄)	花期高峰后 5 周	从 50～100 个植株上取样，每株取一片叶
柑橘	春梢营养枝从顶端往下第三片叶(带叶柄)	叶龄为 4～7 个月的叶子	在 6～30 亩的果园取样方法同苹果，可在 25～50 株树上取 100～200 片叶

2. 植株测试中指标的确定

（1）诊断指标的表示方法　主要有临界值、养分比值、相对产量、DRIS 法、指数法等。

① 养分比值：由于营养元素之间的相互影响，往往一种元素浓度的变化常引起其他元素的改变。因此，用养分的比值作为诊断指标，要比用一种元素的临界值能更好地反映养分的丰缺关系。

② DRIS 法：即诊断施肥综合系统。DRIS 法基于养分平衡的原理，用叶片诊断技术，综合考虑营养元素之间的平衡情况和影响作物产量的诸因素，研究土壤、植株与环境条件的相互关系，以及它们与产量的关系。

③ 指数法：先进行大量叶片分析，记载其产量结果和可能影响产量的各种参数，将材料分为高产组（B）和低产组（A），将叶片分析结果以 N%、P%、K%、N/P、N/K、K/P、NP、NK、PK 等多种形式表示，计算各形式的平均值、标准差（SD）、变异系数（CV）、方差（S）及两种方差比（S_A/S_B），选择保持最高方差比的形式作为诊断的表示形式。对 N、P、K 的诊断，一般多用 N/P、N/K、K/P 的表示形式。

应用时，将测定结果按下式求出 N、P、K 指数：

N 指数 $= +[f(N/P) + f(N/K)]/2$

P 指数＝－[f(N/P)＋f(K/P)]/2

K 指数＝＋[f(N/P)－f(N/K)]/2

当实测 N/P＞标准 N/P 时，则：f(N/P)＝100×[N/P(实测)]/[(N/P)(标准)－1]×10/CV

当实测 N/P＜标准 N/P 时，则：f(N/P)＝100×[1－N/P(标准)/(N/P)(实测)]×10/CV

f(N/K)、f(K/P) 依此类推

三个指数的代数和为 0。其中负指数值越大者，养分需要强度越大，正指数越大者，养分需要强度越小。

如一果树求得 N＝－13，P＝－31，K＝44，则需肥强度 P＞N＞K。

该法在多种作物上有较高的准确性，不受采样时间、部位、株龄和品种的影响，优于临界值法，但它只指出作物对某种养分的需求程度，而未确定施肥数量。

（2）确定诊断指标的方法　诊断指标应通过生产试验获得大量试验数据的情况下才确定。通常采用以下方法。

① 大田调查诊断。在一个地区选代表性地块，在播前或生育期进行化学诊断，并结合当地经验，搜集各种数据，统计整理，从中找出不同条件下产量、养分等变化的规律，划分成不同等级作为诊断标准。

② 田间校验。即养分丰缺指标的划分研究。利用田间多点试验，找出养分测定值与相对产量之间的曲线，一般把指标划分为"高、中、低、极低"四级。田间校验的优点是能全面反映当地的自然条件，把影响养分供应量的诸因素都表现在分级指标中，所得指标准确性高，但需时间及重复。

田间试验分短期、长期两种，短期多为一年试验，一般设施与不施某养分两处理，要求多个试验点的重复，根据相对产量划分等级，由于年限短，不能反映肥料的叠加效应。因此，结果只能决定是否需施肥，而不能确定施肥量。

长期田间试验可为确定养分用量提供数据，一个点上相同肥料

及用量的多年试验，可得测试值与产量相关性数据，为确定施肥量作基础。

③ 对比法。在品种、土壤类型相同条件下，选正常、不正常的健壮植株，多点测土壤植物养分含量。将正常和不正常的健壮植株土壤、植株养分进行对比确定诊断指标。

诊断指标的确定应是营养诊断、大田生产和肥料试验三者结合，并进行多次诊断找出规律。任何诊断指标都是在一定生产条件下取得的。外地的指标，只能作参考，不可生搬硬套。引用时要经产地生产的检验，才可使用。

（3）应用诊断指标应注意的问题

① 作物种类与品种特性。不同作物、同一作物不同品种，同一品种不同生育期对养分的需求和临界浓度不同，应用指标时应考虑。在有些情况下，养分含量高，生长量或产量并不一定高。

② 营养元素间的相互关系。一是拮抗作用，例如 Ca^{2+} 与 Mg^{2+}；二是协助作用，例如 Ca^{2+}、Mg^{2+}、Al^{3+} 能促进 K^+、NH_4^+ 等的吸收。因此，应用某种元素的诊断指标时，不仅要了解该养分的相对量，也要了解有关元素的相互关系。

③ 诊断的技术条件要求一致。采样分析等应和拟定指标时一致，应有可比性，否则指标就无应用价值。指标应随生产水平和技术措施的改变而不断修正。

总之，既要应用诊断指标施肥，又不要孤立地应用指标，必须因地制宜，根据具体情况灵活运用指标，从而使诊断指标更具实用价值，使诊断技术逐步完善。

三、施肥方案制定

施肥方案必须明确施肥量、肥料种类、肥料的使用时期。施肥量的确定要受到植物产量水平、土壤供肥量、肥料利用率、当地气候、土壤条件及栽培技术等综合因素的影响。确定施肥量的方法也很多，如养分平衡法、田间试验法等。这里仅以养分平衡法为例介绍施肥量的确定方法。

1. 施肥量确定

根据作物目标产量需肥量与土壤供肥量之差估算目标产量的施肥量，通过施肥补充土壤供应不足的那部分养分。施肥量的计算公式为：

$$施肥量（千克/亩）=\frac{目标产量所需养分总量-土壤供肥量}{肥料中养分含量\times肥料当季利用量}$$

养分平衡法涉及目标产量、作物需肥量、土壤供肥量、肥料利用率和肥料中有效养分含量五大参数。

（1）目标产量 目标产量可采用平均单产法来确定。平均单产法是利用施肥区前 3 年平均单产和年递增率为基础确定目标产量，其计算公式是：

$$目标产量（千克）=（1+递增率）\times前 3 年平均单产$$

一般果树的递增率以 15% 为宜。

（2）作物需肥量 通过对正常成熟的农作物全株养分的化学分析，测定各种作物百千克经济产量所需养分量，即可获得作物需肥量。

$$作物目标产量所需养分量（千克）=$$
$$\frac{目标产量（千克）}{100}\times百千克产量所需养分量$$

如果没有试验条件，常见果树平均百千克经济产量吸收的养分量也可参考表 6-21 进行确定。

表 6-21 不同果树形成 100 千克经济产量所需养分

单位：千克

果树名称	收获物	从土壤中吸收 N、P_2O_5、K_2O 数量		
		N	P_2O_5	K_2O
苹果树	果实	0.30～0.34	0.08～0.11	0.21～0.32
梨树	果实	0.4～0.6	0.1～0.25	0.4～0.6
桃树	果实	0.4～1.0	0.2～0.5	0.6～1.0
枣树	果实	1.5	1.0	1.3

果树名称	收获物	从土壤中吸收 N、P_2O_5、K_2O 数量		
		N	P_2O_5	K_2O
葡萄	果实	0.75	0.42	0.83
猕猴桃	果实	1.31	0.65	1.50
板栗树	果实	1.47	0.70	1.25
杏树	果实	0.53	0.23	0.41
核桃树	果实	1.46	0.19	0.47
李子树	果实	0.15~0.18	0.02~0.03	0.3~0.76
石榴树	果实	0.3~0.6	0.1~0.3	0.3~0.7
樱桃树	果实	1.04	0.14	1.37
柑橘	果实	0.12~0.19	0.02~0.03	0.17~0.26
脐橙	果实	0.45	0.23	0.34
荔枝	果实	1.36~1.89	0.32~0.49	2.08~2.52
龙眼	果实	1.3	0.4	1.1
芒果	果实	0.17	0.02	0.20
枇杷	果实	0.11	0.04	0.32
菠萝	果实	0.38~0.88	0.11~0.19	0.74~1.72
香蕉	果实	0.95~2.15	0.45~0.6	2.12~2.25
西瓜	果实	0.29~0.37	0.08~0.13	0.29~0.37
甜瓜	果实	0.35	0.17	0.68
草莓	果实	0.6~1.0	0.25~0.4	0.9~1.3

（3）土壤供肥量　土壤供肥量可以通过测定基础产量、土壤有效养分校正系数两种方法估算。

通过基础产量估算（处理 1 产量）：不施养分区作物所吸收的养分量作为土壤供肥量。

$$土壤供肥量（千克）= \frac{不施养分区农作物产量（千克）}{100} \times$$

百千克产量所需养分量（千克）

通过土壤有效养分校正系数估算：将土壤有效养分测定值乘一个校正系数，以表达土壤"真实"供肥量。该系数称为土壤有效养分校正系数。

$$土壤有效养分校正系数（\%）=\dfrac{缺素区作物地上部分吸收该元素量（千克/亩）}{该元素土壤测定值（毫克/千克）\times 0.15}$$

（4）肥料利用率　一般通过差减法来计算：利用施肥区作物吸收的养分量减去不施肥区农作物吸收的养分量，其差值视为肥料供应的养分量，再除以所用肥料养分量就是肥料利用率。

$$肥料利用率（\%）=\dfrac{施肥区农作物吸收养分量（千克/亩）-缺素区农作物吸收养分量（千克/亩）}{肥料施用量（千克/亩）\times 肥料中养分含量（\%）}\times 100\%$$

如果没有试验条件，常见肥料的利用率也可参考表 6-22。

表 6-22　肥料当年利用率

肥料	利用率/%	肥料	利用率/%
堆肥	25~30	尿素	60
一般圈肥	20~30	过磷酸钙	25
硫酸铵	70	钙镁磷肥	25
硝酸铵	65	硫酸钾	50
氯化铵	60	氯化钾	50
碳酸氢铵	55	草木灰	30~40

（5）肥料养分含量　供施肥料包括无机肥料和有机肥料。无机肥料、商品有机肥料含量按其标明量，不明养分含量的有机肥料，其养分含量可参照当地不同类型有机肥养分平均含量获得。

2. 施肥时期的确定

掌握作物的营养特性是实现合理施肥的最重要依据之一。不同的作物种类其营养特性是不同的，即便是同一种作物在不同的生育时期其营养特性也是各异的，只有了解作物在不同生育期对营养条件的需求特性，才能根据不同的作物及其不同的时期，有效地应用施肥手段调节营养条件，达到提高产量、改善品质和保护环境的目的。作物的一生要经历许多不同的生长发育阶段，在这些阶段中，除前期种子营养阶段和后期根部停止吸收养分的阶段外，其他阶段都要通过根系或叶等其他器官从土壤中或介质中吸收养分，作物从环境中吸收养分的整个时期叫作物的营养期。作物不同生育阶段从环境中吸收营养元素的种类、数量和比例等都有不同要求的时期叫做作物的阶段营养期。作物对养分的要求虽有其阶段性和关键时期，但决不能忘记作物吸收养分的连续性。任何一种植物，除了营养临界期和最大效率期外，在各个生育阶段中适当供给足够的养分都是必须的。

第四节
水肥一体化技术中肥料
配制与浓度控制

一、水肥一体化技术中肥料配制

在施肥制度确定之后，就要选择适宜的肥料。一是可以直接选用市场上的微灌专用固体或液体肥料，但是这种肥料中的各养分元素的比例可能不完全满足作物的需求，还需要补充某种肥料。二是按照拟定的养分配方，选用溶解性好的固体肥料，自行配制抽灌专用肥料。生产实践中选配肥料时最常用的方法是解析法，通过公式计算求出基础肥料的用量和肥料总量，具体方法如下。

设拟配制的微灌专用肥料配方为 $N：P_2O_5：K_2O = A：B：C$，应配出的 N、P_2O_5、K_2O 纯养分量分别为 A_0、B_0、C_0，采用 3 种基础肥料配制，它们 N、P_2O_5、K_2O 的百分含量分别是：

基础肥料 1：a_1、b_1、c_1

基础肥料 2：a_2、b_2、c_2

基础肥料 3：a_3、b_3、c_3

设 3 种基础肥料的用量分别是 X、Y、Z，有以下方程组：

$$A_0 = a_1 \times \frac{X}{100} + a_2 \times \frac{Y}{100} + a_3 \times \frac{Z}{100}$$

$$B_0 = b_1 \times \frac{X}{100} + b_2 \times \frac{Y}{100} + b_3 \times \frac{Z}{100}$$

$$C_0 = c_1 \times \frac{X}{100} + c_2 \times \frac{Y}{100} + c_3 \times \frac{Z}{100}$$

通过方程组解出 X、Y、Z，即基础肥料的用量。

【例 1】 配制西瓜苗期微灌专用肥料，其肥料配方为 N：P_2O_5：$K_2O = 24$：15：15，应配出的 N、P_2O_5、K_2O 纯养分量分别为 3.6 千克、2.3 千克、2.3 千克，选用尿素（$N46\%$）、磷酸一铵（$N11\%$、$P_2O_5 52\%$）、氯化钾（$K_2O 60\%$）3 种基础肥料配制，求各种基础肥料的配用量以及专用肥料量。

已知拟配制的 N：P_2O_5：K_2O 的肥料配方的为：

$A = 24$ $B = 15$ $C = 15$

应配出的 N、P_2O_5、K_2O 纯养分量为：

$A_0 = 3.6$ $B_0 = 2.3$ $C_0 = 2.3$

选用的基础肥料各养分元素的百分含量为：

尿素：$a_1 = 46$、$b_1 = 0$、$c_1 = 0$

磷酸一铵：$a_2 = 11$、$b_2 = 52$、$c_2 = 0$

氯化钾：$a_3 = 0$、$b_3 = 0$、$c_3 = 60$

将已知数据代入方程：

$$3.6 = 46 \times \frac{X}{100} + 11 \times \frac{Y}{100} + 0 \times \frac{Z}{100}$$

$$2.3 = 0 \times \frac{X}{100} + 52 \times \frac{Y}{100} + 0 \times \frac{Z}{100}$$

$$2.3 = 0 \times \frac{X}{100} + 0 \times \frac{Y}{100} + 60 \times \frac{Z}{100}$$

解方程得：$X = 6.8$，$Y = 4.4$，$Z = 3.8$

即配制的西瓜苗期微灌专用肥料中 N、P_2O_5、K_2O 纯养分量分别为 3.6 千克、2.3 千克、2.3 千克，需要尿素 6.8 千克，磷酸一铵 4.4 千克，氯化钾 3.8 千克，专用肥料量总和为 15.0 千克。

【例 2】 配制草莓采收期一次微灌专用肥料，其肥料配方为 N：P_2O_5：K_2O＝15：0：18，应配出的 N、P_2O_5、K_2O 纯养分量分别为 1.5 千克、0、1.8 千克，选用尿素（N46%）、氯化钾（K_2O60%）两种基础肥料配制，求各种肥料的配用量以及专用肥料量。

已知拟配制的 N：P_2O_5：K_2O 的肥料配方的为：

$A=0$ $B=0$ $C=18$

应配出的 N、P_2O_5、K_2O 纯养分量为：

$A_0=1.5$ $B_0=0$ $C_0=1.8$

选用的基础肥料各养分元素的百分含量为：

尿素：$a_1=46$、$b_1=0$、$c_1=0$

氯化钾：$a_3=0$、$b_3=0$、$c_3=60$

将已知数据代入方程：

$$1.5=46\times\frac{X}{100}+0\times\frac{Y}{100}$$

$$1.8=0\times\frac{X}{100}+60\times\frac{Y}{100}$$

解方程得：$X=3.3$，$Y=3.0$

即配制的草莓采收微灌专用肥料中 N、P_2O_5、K_2O 纯养分量分别为 1.5 千克、0 千克、1.8 千克，需要尿素 3.3 千克、氯化钾 3.0 千克，专用肥料量总和为 6.3 千克。

二、水肥一体化技术设备运行中的肥料浓度控制

在微灌施肥过程中，由于施肥罐的体积有限，大多需要多次添加肥料，需要计算灌溉水的养分浓度，以便于及时补充肥料，按计划完成微灌施肥工作。同时，植物根系对灌溉水的养分浓度也有要求，过高的养分浓度会对植物根系造成危害。因此，在微灌施肥进行过程中的监测也十分必要。

1. 计算灌溉水的养分浓度

微灌施肥中添加的肥料有固体和液体肥料，每次添加肥料后都可以计算出灌溉水的养分浓度。计算灌溉水的养分浓度有两种方法。

（1）以重量百分数表示的养分浓度计算方法　固体肥料或者液体肥料中养分含量以重量百分数表示时的计算公式是：

$$C = \frac{P \times W \times 10000}{D}$$

式中　C——灌溉水中养分浓度，毫克/千克；

P——加入肥料的养分含量，%；

W——加入肥料数量，千克；

D——加肥同期系统的灌溉水量，千克。

【例】　将 15 千克总养分浓度为 28%（16-4-8）的固体肥料溶解后（或者液体肥料）注入系统，灌水定额为 12 米^3，用以下公式计算：

$$C = \frac{28 \times 15 \times 10000}{12000} = 350（毫克/千克）$$

计算得出，灌溉水中养分浓度 350 毫克/千克。还可以分别计算出 N、P_2O_5、K_2O 的浓度，以 N 为例，用以下公式计算：

$$N = \frac{16 \times 15 \times 10000}{12000} = 200（毫克/千克）$$

计算得出，氮（N）的浓度是 200 毫克/千克。同理可计算出磷（P_2O_5）的浓度为 50 毫克/千克，钾（K_2O）的浓度为 100 毫克/千克。

（2）液体肥料以克/升表示的养分浓度计算方法　液体肥料的养分含量以克/升表示时的计算公式是：

$$C = \frac{P \times W \times 1000}{D}$$

式中　C——灌溉水中养分浓度，毫克/千克；

P——加入肥料的养分含量，克/升；

　　W——加入肥料数量，升；

　　D——加肥同期系统的灌溉水量，千克。

　　例：现需要将 15 升氮的含量为 300 克/升的液体肥料注入系统，灌水定额为 12 米³，用以下公式计算：

$$C = \frac{300 \times 15 \times 1000}{12000} = 375 \text{（毫克/千克）}$$

　　计算得出，灌溉水中养分浓度是 375 毫克/千克。

　　由于溶解固体肥料和液体肥料所用的水量很小，灌溉水本身含有的养分可以忽略不计。

2. 监控灌溉水的养分浓度

　　监控灌溉水的养分浓度一般是监测灌溉水电导率。当灌溉水将配制好的肥液带入土壤，通过注肥量和灌溉水量的计算大体可以了解灌溉水中养分浓度范围。由于灌溉水本身就含有一定量的离子，同时注肥时间又少于灌溉时间，所以在微灌系统注肥期间，灌溉水离子浓度与计算结果不是完全吻合的，实际情况往往是灌溉水养分离子浓度大于计算值。因此，可以在微灌管道的出水口定时采集水样，利用掌上电导率仪和 pH 仪测定灌溉水的电导率（EC），对灌溉水的养分浓度进行监测。灌溉水电导率值单位是毫西门子/厘米，它与养分浓度单位毫克/千克之间有一定的换算关系。当灌溉水中同时存在几种养分元素时，电导率与养分浓度的大致换算关系是：

　　　　　　1 毫西门子/厘米＝640 毫克/千克

　　由测得的电导率可以估算灌溉水中的离子浓度（毫克/千克）值，如果灌溉水电导率过大，在需要改变灌溉水的离子浓度时，可以通过计算求得，减少肥料量或增加灌溉水量。

　　不同作物以及同一作物的不同生长阶段对灌溉水电导率承受能力是不同的。对于蔬菜来说，在生长前期，一般控制灌溉水电导率在 1 毫西门子/厘米之下，在作物生长后期控制电导率不大于 3 毫西门子/厘米。在灌水量较少，灌水时间短的情况下，需要随时了解灌溉水的养分浓度，以保证作物用肥安全。

3.计算注肥流量

注肥流量是指在单位时间内注入系统肥液的量，它是选择注肥设备的重要参数，也是控制微灌施肥时间的重要参数，在生产实践中应用性很强。注肥流量的计算公式为：

$$q = LA/t$$

式中　q——注肥流量，升/小时；

　　　L——单位面积注入的肥液量，升/亩；

　　　A——施肥面积，亩；

　　　t——指定完成注肥的时间，小时。

例：某灌区面积 20 亩，每公顷注肥 150 升，要求注肥在 3 小时内结束，则泵的注肥流量为：

$$q = 150 \times 20/3$$

$$= 1000 （升/小时）$$

通过计算得出，注肥流量为每小时 1000 升。

三、其他相关的计算公式和方法

1.从肥料实物量计算纯养分含量

肥料有效养分的标识，通常以其氧化物含量的百分数表示，对氮、磷、钾来说，氮以纯氮表示（N%），磷以五氧化二磷（P_2O_5%）表示，钾以氧化钾（K_2O%）表示。固体肥料中的有效养分含量都是用重量百分比（%）表示，液体肥料中的有效养分含量有两种表示方法，一是重量百分比（%），二是每升中养分克数（克/升）。

从肥料实物量计算纯养分含量，公式：

纯养分量＝实物肥料量×养分含量（%或克/升）

【例】 20 千克尿素，含 N46%，求折合纯养分量为多少千克？

解：纯养分量＝20×46%

　　　　　　＝9.2（千克）

计算得出，20 千克尿素的氮纯养分量为 9.2 千克。

2. 从养分需求量求实际肥料需要量

在许多有关施肥的材料中，养分需求量通常是以纯养分量来表示，当生产实际中进行施肥时，需要换算成实际的肥料需求量。从养分需求量求实际肥料需要量的公式为：

实际肥料需要量＝养分量÷养分含量（％或克/升）

【例】　如果需要 5 千克纯量钾，需要 K_2O 含量的 60％的氯化钾多少千克？

解：氯化钾需要量＝5÷60％

$$＝8.3（千克）$$

计算得出，满足 5 千克的纯量钾需要 K_2O 含量为 60％的氯化钾 8.3 千克。

3. 计算储肥罐容积

在微灌施肥前，固体或者液体肥料都要事先在储肥罐中加水配成一定浓度的肥液，后由施肥设备注入系统。储肥罐要有足够的容积，应根据施肥面积、单位面积的施肥量和储肥罐中肥液浓度而定。储肥罐容积计算公式如下：

$$V＝wA/C$$

式中　V——储肥罐容积，升；

w——每次施肥单位面积施肥量，千克/亩；

A——施肥面积，亩；

C——储肥罐中肥液的浓度，千克/升。

【例】　微灌施肥面积 2 亩，每次施肥量为 5 千克/亩，储肥罐中肥液的浓度为 0.5 千克/升，求所需储肥罐的容积。

将有关数据代入计算公式，

$$V＝5×2/0.5＝20（升）$$

计算得出，满足 2 亩的微灌施肥需要配置 20 升容积的储肥罐。

第七章　主要北方落叶果树水肥一体化技术应用

北方果树主要是落叶果树。落叶果树是指秋末落叶、第二年春天又萌发的一类果树，如苹果树、梨树、桃树、葡萄树、枣树、核桃树、杏树、柿树、猕猴桃树、石榴树、樱桃树、李子树、板栗树等。其中，苹果树、葡萄、梨树、桃树栽培中水肥一体化技术应用较为广泛。

第一节
苹果树水肥一体化技术应用

我国是世界上苹果种植面积最大的国家，产量居世界第一，也是苹果加工和消费大国，在世界苹果产业中占有重要地位。我国苹果生产主要集中在渤海湾（鲁、冀、辽、京、津）、西北黄土高原（陕、甘、晋、宁、青）、黄河故道（豫、苏、皖）和西南冷凉高地等四大产区。其中，西北黄土高原和渤海湾两地区最适宜苹果种植，栽培面积占全国种植总面积的80％左右，其平均单位产量也高于其他地区，出口量占全国的90％以上（图7-1）。

一、苹果树水肥一体化技术灌溉选择

苹果园选用的灌溉模式与种植密度及土壤质地有关。对密植果

园（如行距 1 米、株距 3 米、每亩 220 株）可以用滴管、微喷带或膜下微喷带，对稀植果园（如每亩 20～50 株）可以用微喷灌或微喷带。特别是成龄果园安装灌溉设施以为微喷灌最佳。拖管淋灌适合各种种植密度。在轻壤土或沙质土上由于滴灌的侧渗范围小，加上苹果的根系生长量比其他果树（如柑橘）少，会造成显著的限根效应，宜选择微喷灌。在重壤土上可以选用滴灌。如选用滴灌，对山地果园一般选用压力补偿滴灌，滴头间距 50～70 厘米，流量 2～3 升/小时为宜，沿种植行在树下拉一条（从定植时开始安装）或两条（成龄后开始安装）滴灌管。平地果园用普通滴灌管。如选用微喷灌，一般微喷头流量在 100～200 升/小时为宜，每株树一个微喷头，安装在两株树之间，喷洒直径 1.5～2.0 米。

图 7-1　苹果水肥一体化技术应用

二、苹果树水肥一体化技术水分管理

苹果属深根系植物，根系分布在 20～90 厘米土层，但 80% 以上的根系集中于 60 厘米以上的土层。灌溉和施肥可以调控根系的分布深度。如采用微喷灌或微喷带，建议灌溉湿润深度在 40 厘米左右，如采用滴灌，灌溉的湿润深度建议达到 60 厘米深度为宜。

1. 苹果树需水规律

根据苹果树需水规律一般应在以下几个时期灌水：一是萌芽前，根、茎、花、叶都开始生长，需水较多，发芽前充分灌水，对肥料溶解吸收，新根生长，对开花速度、整齐度等有明显作用，通常每年都要灌 1 次萌芽水。二是新梢旺长期，此期需水量最多，是全年需水临界期，宜灌大水，促春梢速长，增加早期功能叶片数量，并可减轻生理落果。三是花芽分化前及幼果生长始期，即 5 月末至 6 月上旬，需水不多，维持最大持水量的 60% 即可，这是全年控水的关键时期；树木过于干旱时不灌或少灌，灌水控长促花。四是果实迅速膨大期，此期需水较多，此期水分多少是决定果实大小的关键，要供多而稳定的水分；但久旱猛灌，易落果、裂果。采收前 20 天灌大水易降低果实含糖量。五是采果后，秋施粪肥后，要灌水促肥料分解，促秋根生长和秋叶光合作用，增加储藏养分，提高越冬能力。总之，苹果树虽全年都需水，但时期不同所需的水量有多有少。基本是前多、中少、后又多。应掌握溜—控—灌的原则，达到促—控—促的目的。生产上通常采用的萌芽水、花后水、催果水、冬前水，主要是按苹果树不同物候期的需水规律测定的。上述几次灌水是否需要，应根据当时的土壤墒情而定。若当时土壤墒情好，可免灌；否则，必须灌溉。

2. 苹果树水分管理

（1）微喷灌　微喷灌一般设置在树冠之下，雾化程度高，喷洒的距离小（一般喷洒直径在 1 米左右），每一喷头的灌溉量很少（通常每小时 30～60 升）。定位灌溉只对土壤进行灌溉，较普通的喷灌有节约用水的作用，能维持一定面积土壤在较高的湿度水平上，有利于根系对水分的吸收。此外，还具有需要的水压低（0.02～0.2 毫帕）和加肥灌溉容易等特点。

（2）滴灌　滴灌是通过管道系统把水输送到每一棵果树树冠下，由一至几个滴头（取决于果树栽植密度及树体的大小）将水一滴一滴地均匀又缓慢地滴放土中（一般每个滴头的灌溉量每小时 2～8 升）。

苹果树水分管理从苹果树萌芽前开始至施用秋季肥后结束，在这约 7 个月的时间内维持土壤处于湿润状态。每次灌溉的时间因灌溉方式不同及出水器的流量不同难以固定。通常滴灌要持续 3～4 小时，微喷灌持续 20～30 分钟。埋两支张力计，一支埋深 60 厘米，一支埋深 30 厘米。30 厘米张力计的读数决定何时开始灌溉，60 厘米张力计读数回零时停止灌溉。当 30 厘米张力计读数达 -15 千帕时开始滴灌，滴到 60 厘米张力计回零时为止。采用微喷灌时可采用湿润前锋探测仪，埋深 40 厘米，当看到浮标升起时停止灌溉。另外一种简单的方法是用螺杆式土钻在滴头上方取土，通过手测法了解不同深度的水分状况，从而确定灌溉时间。当土壤能抓捏成团或搓成泥条时表明水分充足。

三、苹果树水肥一体化技术施肥方案

苹果树树龄不同，需肥特点不同。幼树施肥的目的是快长树、早成形、早结果。盛果期树施肥的目的是稳产、优质、壮树。衰老期树施肥的目的是恢复健康树势，延长结果年限。所以，各年龄时期苹果树的施肥种类、施肥量等均不一样。苹果树养分利用有明显的规律性，以氮素为例，苹果树需氮分为 3 个时期：第一时期为大量需氮期（萌芽至梢加速生长），其前半期氮素主要来源于储藏的氮素，后半段逐渐过渡为利用当年吸收的氮素。第二时期为氮素营养稳定供应期（新梢生长高峰到采收前），此期稳定供应少量氮肥，可提高叶功能，但施氮过多会影响果实品质，施氮不足则影响果个和产量。第三时期为氮素营养储备期（采收至落叶），此期氮含量高低对下一年器官形成、分化、优质丰产均起重要作用。在一年中，苹果树对不同养分吸收有一定的规律性，前期以吸收氮肥为主，中、后期（果实膨大期）以吸收钾肥为主，而对磷的吸收生长期内比较平稳。

1.幼年苹果树施肥方案

表 7-1 是在山东省苹果栽培经验基础上总结得出的幼年苹果树

的滴灌施肥制度，可供各地参考。

表 7-1 幼年苹果树滴灌施肥制度

生育时期	灌溉次数	灌水定额/[米³/(亩·次)]	每次灌溉加入的纯养分量/(千克/亩)				备注
			N	P_2O_5	K_2O	$N+P_2O_5+K_2O$	
落叶前	1	30	3.0	4.0	4.2	11.2	树盘灌溉
花前	1	20	3.0	1.0	1.8	5.8	滴灌
初花期	1	15	1.2	1.0	1.8	4.0	滴灌
花后	1	15	1.2	1.0	1.8	4.0	滴灌
初果	1	15	1.2	1.0	1.8	4.0	滴灌
新稍停长期	2	15	1.2	1.0	1.8	4.0	滴灌
合计	7	125	12	10	15	37	

应用说明：

① 本方案适用于胶东地区果园，土壤类型为棕壤、轻壤或砂壤土质，土壤 pH 为 6.5～7.5，土壤肥力中等，钾素含量较低。幼年果树是指种植 1～5 年的果树，每亩约 45 株果树。

② 幼年果树的落叶前要基施有机肥和化肥，一般采用放射状条施。每亩施有机肥 2000 千克、氮肥（折纯，以 N 计）3.0 千克、磷肥（折纯，以 P_2O_5 计）4.0 千克、钾肥（折纯，以 K_2O 计）4.2 千克。其中，化肥品种，如选用三元复合肥（15-15-15），可每亩施 26 千克；如选用单质肥料，可每亩施尿素 3.1 千克、磷酸二铵 8.7 千克、硫酸钾 8.4 千克。灌溉时采用树盘浇水，用水量在 30 米³/亩。

③ 花前至初花期微灌施肥 2 次，每次每亩施尿素 4.91 千克、工业级磷酸一铵 1.64 千克、硝酸钾 4.04 千克。

④ 初花期到新梢停长期微灌施肥 4 次，每次每亩施尿素 0.99 千克、工业级磷酸一铵 1.64 千克、硝酸钾 4.04 千克。

⑤ 在果树施肥管理中，应特别注意微量元素肥料的施用，主要采取基施或根外追施方式。

⑥ 苹果树是露地种植，进入雨季后，根据气象预报选择无降

雨时进行注肥灌溉。在连续降雨时，当土壤含水量没有下降至灌溉始点，也要注肥灌溉，可适当减少灌溉水量。

⑦ 参照灌溉施肥制度表提供的养分数量，可以选择其他的肥料品种组合，并换算成具体的肥料数量。黄土母质或石灰岩风化母质地区参考本方案时可适当降低钾肥用量。

2. 初果期苹果树施肥方案

表7-2是按照微灌施肥制度的制定方法，在山东省栽培经验的基础上总结得出的初果期苹果树微灌施肥制度。

表7-2　初果期苹果树微灌施肥制度

生育时期	灌溉次数	灌水定额/[米³/(亩·次)]	每次灌溉加入的纯养分量/(千克/亩)				备注
			N	P_2O_5	K_2O	$N+P_2O_5+K_2O$	
收获后	1	30	3.0	4.0	4.2	11.2	树盘灌溉
花前	1	25	3.0	1.0	1.8	5.8	微灌
初花期	1	20	1.2	1.0	1.8	4.0	微灌
花后	1	20	1.2	1.0	1.8	4.0	微灌
初果	1	20	1.2	1.0	1.8	4.0	微灌
果实膨大期	1	20	1.2	1.0	1.8	4.0	微灌
果实膨大期	1	20	1.2	1.0	1.8	4.0	微灌
合计	7	155	12	10	15	37	

应用说明：

① 本方案适用于胶东地区果园，土壤类型为棕壤、轻壤或砂壤土质，土壤 pH 为 6.5～7.5，土壤肥力中等，钾素含量较低。初果期果树是指种植 6～10 年的果树，每亩约 45 株果树。

② 初果期果树收获后、落叶前要基施有机肥和化肥，一般采用放射状条施。亩施有机肥 2500 千克、氮肥（折纯，以 N 计）3.0 千克、磷肥（折纯，以 P_2O_5 计）4.0 千克、钾肥（折纯，以 K_2O 计）4.2 千克。其中，化肥品种，如选用三元复合肥（15-15-15），可每亩施 26 千克；如选用单质肥料，可每亩尿素 3.1 千克、

磷酸二铵 8.7 千克、硫酸钾 8.4 千克。灌溉时采用树盘浇水，灌水量在 30～35 米³/亩。

③ 花前至初花期微灌施肥 2 次，花前每亩施尿素 6.07 千克、工业级磷酸一铵 1.64 千克、硝酸钾 4.49 千克；初花期每亩施尿素 2.17 千克、工业级磷酸一铵 1.64 千克、硝酸钾 4.49 千克。花后至果实膨大期共微灌施肥 4 次，每次每亩施尿素 1.17 千克、工业级磷酸一铵 1.64 千克、硝酸钾 7.87 千克。

④ 在果树施肥管理中，应特别注意微量元素肥料的施用，主要采取基施或根外追施方式。在需要施用钙、镁肥的情况下，可以通过微灌系统分别注入钙肥和镁肥。

⑤ 苹果树是露地种植，进入雨季后，根据气象预报选择无降雨时进行微灌施肥。在连续降雨时，当土壤含水量没有下降至灌溉始点，也要进行微灌施肥，可适当减少灌溉水量。

3. 盛果期苹果树施肥方案

表 7-3 是按照微灌施肥制度的制定方法，在山东省栽培经验的基础上总结得出的盛果期苹果树微灌施肥制度。

表 7-3　盛果期苹果树微灌施肥制度

生育时期	灌溉次数	灌水定额/[米³/(亩·次)]	每次灌溉加入的纯养分量/(千克/亩)				备注
			N	P_2O_5	K_2O	$N+P_2O_5+K_2O$	
收获后	1	35	6.0	6.0	6.6	18.6	树盘灌溉
花前	1	20	6.0	1.5	3.3	10.8	微灌
初花期	1	25	4.5	1.5	3.3	9.3	微灌
花后	1	25	4.5	1.5	3.3	9.3	微灌
初果	1	25	6.0	1.5	3.3	10.8	微灌
果实膨大期	1	25	3.0	1.5	6.6	11.1	微灌
果实膨大期	1	25	0	1.5	8.1	4.0	微灌
合计	7	180	30.0	15.0	33.0	78.0	

应用说明：

① 本方案适用于胶东地区果园，土壤类型为棕壤、轻壤或砂

壤土质，土壤 pH 为 6.5～7.5，土壤肥力中等，钾素含量较低。盛果期果树是指种植 11 年的果树，每亩约 45 株果树。目标产量为 3000 千克/亩。

② 盛果期果树收获后、落叶前要基施有机肥和化肥，一般采用放射状条施。亩施有机肥 3000 千克、氮肥（折纯，以 N 计）6.0 千克、磷肥（折纯，以 P_2O_5 计）6.0 千克、钾肥（折纯，以 K_2O 计）6.6 千克。其中，化肥品种，如选用三元复合肥（15-15-15），可每亩施 40 千克；如选用单质肥料，可每亩施尿素 7.9 千克、磷酸二铵 13.0 千克、硫酸钾 13.2 千克。灌溉时采用树盘浇水，用水量在 30～35 米^3/亩。

③ 花前至花后期微灌施肥 2 次，花前每亩施尿素 10.2 千克、工业级磷酸一铵 2.5 千克、硝酸钾 7.4 千克；花期每亩施尿素 7.0 千克、工业级磷酸一铵 2.5 千克、硝酸钾 7.4 千克。

④ 初果至果实膨大期共微灌施肥 3 次，初果期每亩施尿素 10.2 千克、工业级磷酸一铵 2.5 千克、硝酸钾 7.4 千克；果实膨大前期每亩施尿素 1.5 千克、工业级磷酸一铵 2.5 千克、硝酸钾 14.8 千克；果实膨大后期每亩施工业级磷酸一铵 2.5 千克、硝酸钾 18.2 千克。盛果期果树的果实膨大后期和成熟期不再施用氮肥。

⑤ 在果树施肥管理中，应特别注意微量元素肥料的施用，主要采取基施或根外追施方式。在需要施用钙、镁肥的情况下，可以通过微灌系统分别注入钙肥和镁肥。

⑥ 苹果树是露地种植，进入雨季后，根据气象预报选择无降雨时进行注肥灌溉。在连续降雨时，当土壤含水量没有下降至灌溉始点，也要进行微灌施肥，可适当减少灌溉水量。

第二节
葡萄水肥一体化技术应用

葡萄在我国长江流域以北各地均有产，主要产于新疆、甘肃、山西、河北、山东等地，其中新疆的种植面积占全国栽培面积的

30％以上。我国1/3以上的葡萄园分布在干旱和半干旱地区。随着葡萄灌溉水源越来越紧张，水肥矛盾也日渐突显，因而发展微灌等节水灌溉技术对葡萄生产来说就显得尤为重要。目前来看，葡萄水肥一体化技术在西北干旱、半干旱地区如新疆、甘肃、宁夏等地的研究和应用较多，取得了一定的节水、节肥、增产、省工等效果（图7-2）。

图7-2　葡萄滴灌水肥一体化技术

一、葡萄水肥一体化技术灌溉类型

　　葡萄的水肥一体化在发达国家应用比较普遍。葡萄最适合采用滴灌施肥系统。近些年来，为防止杂草生长、春季保湿，并降低夏季果园的湿度，葡萄膜下滴灌技术也有大力推广。当土壤为中壤或黏壤土时，通常一行葡萄铺设一条毛管，毛管间距一般在0.5～1米。有些葡萄园也铺设两条毛管，种植行左右各铺设一条管。当土壤为沙壤土，葡萄的根系稀少时，可采用一行铺设两条毛管的方式。此外也可考虑在葡萄栽培沟另铺设一条毛管。还有一些葡萄园将毛管固定在离地1米左右的主蔓上，主要的目的是方便除草等田间作业。土壤质地、作物种类及种植间距是决定滴头类型、滴头间距和滴头流量的主要因素。一般沙土要求滴头间距小，壤土和黏土滴头间距大。沙土的滴头间距可设为 30～40 厘米，滴头流量为 2～3升/小时；壤土和黏土的滴头间距为 50～70 厘米，黏土取大值，滴头流量在 1～2升/小时之间。滴灌时间一般持续 3～4 小时。

滴灌施肥灌水器可选择有固定滴头间距的内镶式滴灌管或滴灌带，如迷宫式和边缝式滴灌带。当葡萄树栽植不规则时，一般选择管上式滴头，在安装过程中，根据作物间距确定滴头间距。常用的加肥或注肥设备有文丘里施肥器、压差式施肥罐（旁通罐）、计量泵等。具体选用哪种注肥设备应根据实际条件，结合注肥设备的特点确定。

二、葡萄水肥一体化技术水分管理

由于葡萄各生育期需水量以及实际降水量都不同，因此在制订滴灌灌溉制度时应充分考虑葡萄需水特性、气象条件因素。

1. 葡萄需水规律

葡萄树由于其强大的根系，耐旱性要强得多，但亦需要稳定、适量地从土壤中获取水分，以获得最佳经济产量。葡萄在不同的季节和不同生育阶段对水分的需求有很大差别。葡萄对水分需求最多的时期是在生长初期，快开花时需水量减小，开花期间需水量少，以后又逐渐增多，在浆果成熟初期又达到高峰，以后又降低。葡萄浆果需水临界期是第一生长峰的后半期和第二生长峰的前半期，而浆果成熟前 1 个月的停长期对水分不敏感。

2. 葡萄灌水时期

一般在葡萄生长前期，要求水分供应充足，以利生长与结果；生长后期要控制水分，保证及时停止生长，使葡萄适时进入休眠期，以顺利越冬。一般可参考以下几个主要的时期进行灌水。一是发芽前后到开花，对土壤含水量要求较高，此时灌水可促进植株萌芽整齐，有利于新梢早期迅速生长，增大叶面积，加强光合作用，使开花和坐果正常；在北方干旱地区，此期灌水更为重要，最适宜的田间持水量为 75%～85%。二是花期，一般不宜灌水，否则会加剧生理落果。三是新梢生长和幼果膨大期，此期为葡萄需水的临界期，新梢生长最旺盛；如水分不足，则叶片夺去幼果的水分，使幼果皱缩而脱落，产量显著下降。四是果实迅速膨大期，此期要供应充足的水分，但要防止过多水分而造成新梢徒长，此期正值花芽分化，适当的干旱，有利花芽分化。五是果实成熟期，此期的水分对果实品质影响较大，如果水分过多将会延迟葡萄果实成熟，使品质变劣，并影响枝蔓成熟。靠近采收期时不应灌水，一般鲜食品种应在采收前 15～20 天停止灌水，要求含糖量高、含酸量适当的酿酒品种，应当在采收前期 20～30 天停止灌水。六是冬季休眠期，在北方各省，必须在土壤结冻前灌 1 次透水，灌水量要渗至根群集中分布层以下，才能保证葡萄安全越冬。

3. 葡萄园水分管理方法

土壤墒情监测法是制订作物灌溉计划时常用的方法之一。对于果树来说，可采用下面的方法确定灌溉制度：埋设两支张力计来监测土壤水分状况，滴头下方 20 厘米埋设一支，并在其旁边埋设另外一支张力计，深度为 60 厘米；观察 20 厘米埋深张力计的读数，当超过预定的范围开始滴灌，灌水结束后，检查 60 厘米埋深张力计读数，如果其读数的绝对值不超过设定的范围，说明达到了要求的灌水量，否者应再灌水。另外一种简单的方法是用螺杆式土钻在滴头下方取土，通过指测法了解不同深度的土壤状况，从而确定灌溉时间。

三、葡萄水肥一体化技术施肥方案

将葡萄滴灌灌溉制度和施肥制度耦合，即成葡萄水肥一体化技术方案（滴灌施肥方案），灌溉制度和施肥制度耦合一般采取把葡萄各生育期的施肥量分配到每次灌水中的方法。实际操作中，灌溉制度应根据土壤质地、气候条件（降水、气温等）进行调整；而施肥制度则应考虑土壤养分状况、有机肥施用状况和作物长势进行调整。

1. 山东棕壤区葡萄滴灌施肥方案

表 7-4 为山东省棕壤地区葡萄水肥一体化施肥制度，各地葡萄栽培进行水肥一体化技术时，可结合当地实际进行借鉴。

表 7-4　山东棕壤区葡萄滴灌施肥方案

生育时期	灌溉次数	灌水定额/[米³/(亩·次)]	每次灌溉加入灌溉水中的纯养分量/(千克/亩)			
			N	P_2O_5	K_2O	$N+P_2O_5+K_2O$
秋季基肥	1	31	5.6	5.8	7.8	19.2
萌芽前	2	12～13	3.2	0	0	3.2
开花前	2	8～10	3.2	1.0	3.4	7.6
开花后	2	10～11	2.4	0.9	3.4	6.7
果实成熟初期	2	11～13	1.6	1.9	7.8	11.3
合计	9	119	16.0	9.6	22.4	48.0

应用说明：

① 方案适用于胶东半岛丘陵坡地，棕壤性土、轻壤土质，有机质含量中等，有效磷和速效钾含量低。密度 445 株/亩，目标产量为 1500 千克/亩。

② 收获后落叶前每亩基施有机肥 1200～1500 千克、氮肥（折纯，以 N 计）5.6 千克、磷肥（折纯，以 P_2O_5 计）5.8 千克、钾肥（折纯，以 K_2O 计）7.8 千克，其中，化肥品种，如选用三元复合肥（15-15-15），可每亩施 40 千克；如选用单质肥料，可每亩施尿素 7.2 千克、磷酸二铵 12.6 千克、硫酸钾 15.6 千克。灌溉时采用沟灌，用水量为 31 米³/亩。冬前可根据土壤墒情决定是否浇冻水。浇冻水时采用滴灌，一般不施肥。

③ 萌芽前滴灌 2 次，每次加入肥料，每亩每次施尿素 7.0 千克。开花前滴灌施肥 2 次，每亩每次可施尿素 4.4 千克、工业级磷酸一铵 1.6 千克、硝酸钾 7.4 千克。开花后滴灌施肥 2 次，每亩每次施尿素 2.7 千克、工业级磷酸一铵 1.5 千克、硝酸钾 7.4 千克。

果实成熟初期滴灌施肥 2 次，每亩每次施工业级磷酸一铵 3.1 千克、硝酸钾 17.0 千克。

④ 进入雨季后，根据气象预报选择无雨时注肥灌溉。在遇到连续降雨时，即使土壤含水量没有下降至灌溉始点，也要注肥灌溉，可适当减少灌溉水量。

⑤ 在开花前 3～5 天可喷施 0.2%～0.3% 硼砂溶液，提高坐果率。浆果上色期可叶面喷施 0.3% 磷酸二氢钾溶液。

⑥ 参照灌溉施肥制度表提供的养分数量，可以选择其他的肥料品种组合，并换算成具体的肥料数量。不要使用含氯化肥。

2. 华北地区葡萄滴灌施肥方案

表 7-5 为华北地区丘陵坡地葡萄水肥一体化施肥制度，各地葡萄栽培进行水肥一体化技术时，可结合当地实际进行借鉴。

表 7-5 华北地区葡萄滴灌施肥方案

生育时期	灌溉次数	灌水定额/[米³/(亩·次)]	每次灌溉加入的纯养分量/(千克/亩)				备注
			N	P_2O_5	K_2O	$N+P_2O_5+K_2O$	
收获后落叶前	1	30	4.8	6.0	4.4	15.2	沟灌
休眠期	1	15	0	0	0	0	滴灌
萌芽前	1	12	1.6	0.7	1.6	3.9	滴灌
萌芽前	2	10	1.6	0.7	1.6	3.9	滴灌
开花初期	1	10	1.6	0.7	1.6	3.9	滴灌
坐果初期	1	12	2.3	0.7	2.0	5.0	滴灌
幼果至硬核期	1	12	1.5	0.7	2.0	4.2	滴灌
浆果上色前期	1	12	1.0	0.9	3.6	5.5	滴灌
浆果上色后期	1	12	0	0.9	3.6	4.5	滴灌
合计	10	115	16.0	12.0	22.0	50.0	

应用说明：

① 本方案适用于华北地区丘陵坡地，棕壤性土、砂壤或轻壤

土质，土壤 pH 为 5.4～6.5，有机质含量中等，有效磷和速效钾含量低。密度 445 株/亩，目标产量为 1500 千克/亩。

② 收获后落叶前每亩基施有机肥 1000～1500 千克、氮肥（折纯，以 N 计）4.8 千克，磷肥（折纯，以 P_2O_5 计）6.0 千克、钾肥（折纯，以 K_2O 计）4.4 千克，其中，化肥品种，如选用三元复合肥（15-15-15），可每亩施 33 千克；如选用单质肥料，可每亩施尿素 5.3 千克、磷酸二铵 13.0 千克、硫酸钾 8.8 千克。灌溉时采用沟灌，用水量为 30 米³/亩。冬前可根据土壤墒情决定是否浇冻水。浇冻水时采用滴灌，一般不施肥。

③ 萌芽前滴灌 1 次、萌芽期滴灌 2 次、开花初期滴灌 1 次，每亩每次施尿素 2.1 千克、工业级磷酸一铵 1.2 千克、硝酸钾 3.6 千克。坐果初期滴灌施肥 1 次，每亩施尿素 3.4 千克、工业级磷酸一铵 1.2 千克、硝酸钾 4.5 千克。幼果至硬核期滴灌施肥 1 次，每亩施尿素 1.6 千克、工业级磷酸一铵 1.2 千克、硝酸钾 4.5 千克。浆果上色前期滴灌施肥 1 次，每亩施工业级磷酸一铵 1.5 千克、硝酸钾 8.1 千克。浆果上色后期滴灌施肥 1 次，每亩施磷酸二氢钾 1.7 千克、硫酸钾 6.0 千克。

④ 进入雨季后，根据气象预报选择无雨时注肥灌溉。在遇到连续降雨时，即使土壤含水量没有下降至灌溉始点，也要注肥灌溉，可适当减少灌溉水量。

⑤ 在开花前 3～5 天喷施 0.2%～0.3%硼砂溶液，提高坐果率。浆果上色期叶面喷施 0.3%磷酸二氢钾溶液。

⑥ 参照灌溉施肥制度表提供的养分数量，可以选择其他的肥料品种组合，并换算成具体的肥料数量。不要使用含氯化肥。黄土母质或石灰岩风化母质地区参考本方案时可适当降低钾肥用量。

3. 山西省红提葡萄滴灌施肥方案

表 7-6 是按照微灌施肥制度的制定方法，在山西省栽培经验的基础上总结得出的红提葡萄膜下滴灌施肥制度。

表 7-6 红提葡萄膜下滴灌施肥制度

生育时期	灌溉次数	灌水定额/[米³/(亩·次)]	每次灌溉加入的纯养分量/(千克/亩)				备注
			N	P_2O_5	K_2O	$N+P_2O_5+K_2O$	
收获后落叶前	1	50	0.2	10.5	0	10.7	沟灌积肥
萌芽期	1	24	5.4	2.4	4.0	11.8	滴灌
开花前	2	13	3.2	2.2	1.0	6.4	滴灌
幼果膨大期	1	15	5.4	2.4	1.2	9	滴灌
	1	15	6.8	1.0	0.8	8.6	滴灌
浆果上色前	1	18	5.4	0.6	4.0	10	滴灌
成熟期	1	18	0	0.6	4.0	4.6	滴灌
合计	8	166	21.9	21.9	15	61.1	

应用说明：

① 本方案适宜山西南部黄土丘陵区，中壤土质，土壤 pH 为 8.4 左右，要求地势平坦，耕性良好，保肥保水性好，品种为中晚熟红提葡萄，密度 330 株/亩，目标产量为 1100~1200 千克/亩。

② 秋季葡萄落叶后沟施基肥，每亩沟埋玉米秸秆 200 千克及优质畜禽肥 800~900 千克、氮肥（折纯，以 N 计）0.2 千克、磷肥（折纯，以 P_2O_5 计）10.5 千克，其中，化肥品种，每亩可施过磷酸钙 75 千克、碳酸氢铵 1 千克。施用碳酸氢铵的目的是调节 C/N，促进玉米秸秆腐熟。同时每亩沟灌 50 米³ 水。

③ 萌芽期前滴灌施肥 1 次，每亩施尿素 10 千克、工业级磷酸一铵 3.9 千克、硫酸钾 8 千克。开花前滴灌施肥 2 次，每亩每次施尿素 6 千克、工业级磷酸一铵 3.6 千克、硫酸钾 2 千克。幼果膨大期一般滴灌施肥 2 次，幼果膨大前期每亩施尿素 10.7 千克、工业级磷酸一铵 3.9 千克、硫酸钾 2.4 千克；幼果膨大后期每亩施尿素 14.4 千克、工业级磷酸一铵 1.6 千克、硫酸钾 1.6 千克。浆果上色前滴灌施肥 1 次，每亩施尿素 11.5 千克、工业级磷酸一铵 1.0 千克、硫酸钾 8.0 千克。成熟期滴灌施肥 1 次，每亩施磷酸二氢钾 1.2 千克、硫酸钾 7.2 千克。遇到旱情严重时可适当增加灌水量或灌水次数。灌水次数不可减少，只是根据降雨情况、土壤墒情提前

或推后灌水。

④ 除滴灌施肥外，早春萌芽后易出现叶片黄化现象，要及时喷施 0.2%～0.3%尿素和 0.1%～0.2%磷酸二氢钾，在 10～15 天内连续喷施 3 次，可使叶色很快由黄变绿。花前可喷施 0.1%～0.3%硼砂可提高坐果率。生长中期叶面喷施 0.1%的硫酸锌增加果重，提高产量。采收前果实喷施 500 倍中量元素型氨基酸水溶肥料溶液，可提高果实品质，延长贮藏期。

⑤ 参照灌溉施肥制度表提供的养分数量，可以选择其他的肥料品种组合，并换算成具体的肥料数量。不要使用含氯化肥。

第三节
梨树水肥一体化技术应用

梨树是世界上主要栽培果树之一，是喜光果树，耐寒，耐旱，对土壤条件的要求不高。一般疏松、排水良好的砂土、砂壤土、轻壤土上生长的梨树果品质量较好。梨树适应性强、早果丰产性好、经济寿命长、果实营养价值高（图 7-3）。

图 7-3　梨树

一、梨树水肥一体化技术水分管理

1. 梨树灌水时期

梨是需水较多的树种，但品种不同对水分的要求有较大差异。例如白梨和西洋梨对水分要求中等，一般要求年降水量在650毫米以上；秋子梨品种较耐旱，年降水量400毫米即可正常生长。我国北方梨区，春季干旱对梨树生长结实影响极大，秋季干旱易引起早落叶。据林真二等的研究，如梨亩产400千克，则树体年需水达640吨之多。梨树的主要需水时期有萌芽至开花前期、花后期、果实膨大期。花芽分化期（5～7月）是梨树需水的关键时期。

2. 梨树采用灌溉方式

（1）微喷灌　微喷灌是设置在树冠之下，雾化程度高，喷洒的距离小（一般喷洒直径在1米左右），每一喷头的灌溉量很少（通常每小时30～60升）。定位灌溉只对土壤进行灌溉，较普通的喷灌有节约用水的作用，能维持一定面积土壤在较高的湿度水平上，有利于根系对水分的吸收。此外，还具有需要的水压低（0.02～0.2毫帕）和加肥灌溉容易等特点。

（2）滴灌　滴灌是通过管道系统把水输送到每一棵果树树冠下，由一至几个滴头（取决于果树栽植密度及树体的大小）将水一滴一滴地均匀又缓慢地滴放土中（一般每个滴头的灌溉量每小时2～8升）。

每次灌溉的时间因灌溉方式不同及出水器的流量不同难以固定。通常滴灌要持续3～4小时，微喷灌持续20～30分钟。埋两支张力计，一支埋深60厘米，一支埋深30厘米。30厘米张力计读数决定何时开始灌溉，60厘米张力计读数回零时停止灌溉。当30厘米张力计读数达－15千帕时开始滴灌，滴到60厘米张力计读数回零时为止。采用微喷灌时可以采用湿润前锋探测仪，埋深40厘米，当看到浮标升起时停止灌溉。另外一种简单的方法是用螺杆式土钻在滴头上方取土，通过手测法了解不同深度的水分状况，从而确定灌溉时间。当土壤能抓捏成团或搓成泥条时表明水分充足。

二、梨树水肥一体化技术施肥方案

表 7-7 是按照微灌施肥制度的制定方法，在北京市栽培经验的基础上总结得出的梨树滴灌施肥制度，各地梨树栽培进行水肥一体化时，可结合当地实际进行借鉴。

表 7-7　梨树滴灌施肥制度

生育时期	灌溉次数	灌水定额/[米³/(亩·次)]	每次灌溉加入的纯养分量/(千克/亩)				备注
			N	P_2O_5	K_2O	$N+P_2O_5+K_2O$	
收获后落叶前	1	30	0	0	0	0	沟灌有机肥，树盘灌溉
萌芽前	1	30	15	7.5	7.5	30.0	树盘灌溉
花后	2～3	10	0	0	0	0	滴灌
果实膨大期	2～3	10	5.0	5.0	5.0	15.0	滴灌，加肥 2 次
合计	7～9	110～130	25.0	17.5	17.5	60.0	

应用说明：

① 本方案适用于华北地区早熟品种，果园土壤为中等肥力水平。目标产量 1500～2000 千克/亩。

② 果实采收后至落叶前，沿树盘开沟，每亩基施腐熟有机肥 3000～4000 千克，施肥水平分布为树冠的 1.5～2 倍。结合基肥实施树盘灌溉 30 米³。休眠期在冬季，如果遇到干旱则可进行滴灌，不施肥。

③ 萌芽前沿树盘开沟，每亩施尿素 26.2 千克、磷酸二铵 16.3 千克、硫酸钾 15 千克。实施树盘灌溉，灌水充分以提高土壤含水量，促进萌芽、开花及新梢生长。花后如果较长时间没有降雨，土壤干旱，要结合土壤墒情滴灌 2～3 次，不施肥。

④ 果实膨大期滴灌 2～3 次，其中，滴灌施肥 2 次，每亩每次肥料施专用滴灌肥（15-15-15）33.3 千克，或尿素 10.9 千克、磷酸二氢钾 9.6 千克、硫酸钾 3.7 千克。果实膨大期在雨季，要根据降水情况确定滴灌施肥时间。雨水丰富的年份灌水量以配合滴灌施肥为重点。

⑤ 花前叶面喷施 0.1％～0.3％硼砂溶液。花后至采收前叶面喷施 0.3％～0.5％硝酸钙溶液，防止裂果，提高外观品质和耐储性。土壤铁、锌含量较低的地区可基施铁肥和锌肥，或者在关键生育时期采用叶面喷施或滴灌补充。对于晚熟品种，在 8 月上旬增加 1 次施肥，亩施复合肥（10-10-10)10～20 千克。

⑥ 参照灌溉施肥制度表提供的养分数量，可以选择其他的肥料品种组合，并换算成具体的肥料数量。

第四节
桃树水肥一体化施肥技术应用

桃树是喜光的小乔木，结果早，寿命短，较苹果、梨等果树耐瘠薄。桃树是浅根系果树，吸收根一般分布在 0～40 厘米土层中，10～30 厘米为最旺盛区。对土壤的适应能力较强，以中性偏酸的土壤生长较好。土壤 pH 低于 4 或高于 8 时则严重影响生长。以排水良好、通透性强、土壤较肥沃的砂壤土栽培较好（图 7-4）。

图 7-4　桃树

一、桃树水肥一体化技术水分管理

1. 桃树灌水时期

桃树在落叶果树中需水量较低，较抗旱，在土壤含水量较低的情况下（田间持水量的 20%～40%）仍能生长，降到 10%～15% 时枝叶出现萎蔫现象。但若维持其枝叶有一定生长量和肥大多汁果实的发育，还需要适量灌水，适宜的水分不仅可以提高桃果坐果率、产量和品质，还可防止桃树枝干发生日灼病。桃树灌水时期、次数和灌水量，决定于土壤温度、桃树生育期，以及树龄、品种及坐果率等。

桃树在以下几个生长期，土壤水分不足时需进行浇水。一是萌芽前，为保证萌芽、开花坐果顺利进行，需浇透、浇足水，渗水深达 80 厘米，但不宜频繁浇水，以免降低地温，影响根系的吸收。二是硬核期，果实虽然生长缓慢，但种胚处在迅速生长期。此时期桃树对水分敏感，是桃树需水临界期，此时缺水，可造成落果，影响产量。三是果实第二次迅速生长期，大约在采前两周，果实迅速膨大生长，此时供给充足的水分可以明显增产。四是落叶后，在桃树落叶休眠，土壤结冻以前，于 10 月下旬至 11 月上旬浇水，即"冻水"。

2. 桃树采用灌溉方式

（1）微喷灌　微喷灌设置在树冠之下，雾化程度高，喷洒的距离小（一般喷洒直径在 1 米左右），每一喷头的灌溉量很少（通常每小时 30～60 升）。定位灌溉只对土壤进行灌溉，较普通的喷灌有节约用水的作用，能维持一定面积土壤在较高的湿度水平上，有利于根系对水分的吸收。此外，还具有需要的水压低（0.02～0.2 毫帕）和加肥灌溉容易等特点。

（2）滴灌　滴灌是通过管道系统把水输送到每一棵果树树冠下，由一至几个滴头（取决于果树栽植密度及树体的大小）将水一滴一滴地均匀又缓慢地滴放土中（一般每个滴头的灌溉量为每小时

2～8升）。

　　每次灌溉的时间因灌溉方式不同及出水器的流量不同难以固定。通常滴灌要持续3～4小时，微喷灌持续20～30分钟。埋两支张力计，一支埋深60厘米，一支埋深30厘米。30厘米张力计读数决定何时开始灌溉，60厘米张力计读数回零时停止灌溉。当30厘米张力计读数达－15千帕时开始滴灌，滴到60厘米张力计读数回零时为止。采用微喷灌时可以采用湿润前锋探测仪，埋深40厘米，当看到浮标升起时停止灌溉。另外一种简单的方法是用螺杆式土钻在滴头上方取土，通过手测法了解不同深度的水分状况，从而确定灌溉时间。当土壤能抓捏成团或搓成泥条时表明水分充足。

二、桃树水肥一体化技术施肥方案

　　表7-8是按照微灌施肥制度的制定方法，在北京市栽培经验的基础上总结得出的桃树滴灌施肥制度，各地桃树栽培进行水肥一体化技术时，可结合当地实际进行借鉴。

表 7-8　露地栽培桃树滴灌施肥制度

生育时期	灌溉次数	灌水定额/[米^3/(亩·次)]	每次灌溉加入的纯养分量/(千克/亩)				备注
			N	P_2O_5	K_2O	$N+P_2O_5+K_2O$	
收获后落叶前	1	30	0	0	0	0	沟灌有机肥，树盘灌溉
萌芽前	1	30	12.0	6.0	12.0	30.0	树盘灌溉
硬核期	2～3	12	5.0	5.0	10.0	20.0	滴灌，加肥2次
果实膨大期	2～3	12	0	0	9.0	9.0	滴灌，加肥1次
成熟期	1～2	8	0	0	0	0	
合计	7～9	128～160	22.0	16.0	41.0	79.0	

　　应用说明：

　　① 本方案适用于华北地区中晚熟品种桃树，早熟品种的桃树可适当降低肥料用量和提前灌溉施肥。果园土壤为中等肥力水平。目标产量1500～2000千克/亩。

② 秋天采果后，每亩基施腐熟有机肥 3000～4000 千克。要桃树落叶休眠，土壤结冻以前于 10 月下旬～11 月上旬浇水，即"冻水"。保证土壤有充足的水分，以利桃树的安全越冬。"冻水"不能浇得太晚，以免因根茎部积水或水分过多，昼夜冻融交替而导致茎腐病的发生。秋雨过多、土壤黏重者，不一定浇水。

③ 果树萌芽前以放射沟或环状沟施肥方式施基肥，每亩施三元复合肥（20-10-20）60 千克，深度约 30～45 厘米，以达到根系密集层为宜。施肥后进行树盘灌溉 30 米^3，确保浇足水。

④ 硬核期根据土壤墒情滴灌 2～3 次，其中，滴灌施肥 2 次，每亩每次施尿素 10.9 千克、磷酸二氢钾 9.6 千克、硫酸钾 16.6 千克。

⑤ 果树膨大期滴灌 2～3 次，第 1 次灌水时滴灌施肥，以钾肥为主，每亩施硫酸钾 18.0 千克。如果前期氮肥供应较少，也可提早施入部分氮肥，或者叶面喷施补充。

⑥ 成熟期根据土壤墒情滴灌 1～2 次，不施肥。

⑦ 参照灌溉施肥制度表提供的养分数量，可以选择其他的肥料品种组合，并换算成具体的肥料数量。

第八章 主要南方常绿果树水肥一体化技术应用

南方果树主要是常绿果树。常绿果树是指树叶寿命较长，三五年不落叶的一类果树，如柑橘树、龙眼树、柠檬树、枇杷树、荔枝树、杨梅树、芒果树、椰子树、橄榄树等。其中，柑橘、荔枝生产中水肥一体化技术应用较为广泛。

第一节
柑橘水肥一体化技术应用

我国目前有19个省（市、自治区）栽培柑橘，其中有9个省区（湖南、湖北、广东、广西、福建、浙江、重庆、江西、四川）为柑橘的主产区，它们的柑橘种植面积和产量分别占全国的93.5%和95.2%。科学合理的水肥管理是柑橘园丰产优质的重要保证。发展适时、精准和高效的水肥一体化管理技术是发展现代高效、生态柑橘种植业的有效技术途径。广西建立的水肥一体化示范样板果园可节水50%以上，节肥20%以上，增产10%以上，其中脐橙增产22.6%（图8-1）。

一、柑橘水肥一体化技术灌溉类型

在山地果园进行地面灌溉，灌水量均匀度低，肥水流失量大；在沿海滩涂地区还存在返盐等不利影响。对山地柑橘园适宜的灌溉模式有压力补偿滴灌（自压或加压）及拖管淋灌、渗灌等。施肥方式可采用重力自压施肥法或泵吸肥法。平地可用普通滴灌、微喷灌或膜下水带滴灌。

灌溉方式比较试验
膜下滴灌
流量2.3升／小时

图 8-1　柑橘

1. 滴灌

柑橘是多年生果树，如选用滴灌时，一般在选择质量好、管壁厚、寿命长的滴灌管。普通滴灌管（带）一般用于平地压力变化小的柑橘园。山地柑橘园由于高差的原因，不同位置压力变化大，必须选择压力补偿滴灌。滴头有内置式和外置式，内置式适合种植规格一致的果园，外置式适合种植规格不一致的果园，尤其是山地果园。如果定植时使用滴灌，一般沿种植行铺设一条滴灌管，滴头间距 40～70 厘米，流量 1～3 升/小时。一般成龄树安排 4～6 个滴头（与树冠大小有关）。如安装 4 个滴头，滴头流量为 2 升/小时，则每小时每株树可以供水 8 升，如灌溉 4 小时，则每株树得到 32 升水。

2. 微喷灌

微喷灌是在每株树下安装塑料管道，并与蓄水池、输水管道相连，在每株树下的塑料管道上安装一个微喷头。微喷头将具有一定压力的水以细小的水雾喷洒在作物叶面或根部附近的土壤表面。通常微喷头的流量在 50～150 升/小时，喷洒半径在 2～3 米。一般只用于成龄柑橘园，每株树安装 2 个；对于密植柑橘园，两株树之间安装 1 个。微喷灌只适合平地柑橘园。

3. 喷水带灌溉

喷水带灌溉是在 PE 软管上直接开 0.5～1.0 毫米的微孔出水，无需再单独安装出水器，在一定压力下灌溉水从孔口喷出，高度几十厘米至 1 米。在柑橘生产中，喷水带灌溉是一种非常方便的灌溉方式。喷水带灌溉只适合平地柑橘园。

二、柑橘水肥一体化技术水分管理

1. 柑橘灌水时期

（1）萌芽坐果期（3～6 月）　萌芽坐果期需水量大，我国柑橘产区降雨量较多，能满足生长发育的要求。但此时也容易出现水分过多，通气不良，抑制根的生长，应注意及时排水；柑橘开花坐果期对水分胁迫极为敏感，一遇高温干旱容易导致大量落花落果。此时应注意及时灌水或喷水，降温增湿。

（2）果实膨大期（7～9 月）　这个时期柑橘叶片光合作用旺盛、果实迅速膨大，需水量大。南方各省正值梅雨过后容易发生干旱的时期，当土壤水分含量低时必须及时灌溉。

（3）果实生长后期至成熟期（10～12 月）　土壤水分对果实品质影响较大，果实采收前 1 月左右停止灌水。果实进入成熟期适当控水，能提高果实糖度和耐储性，促进花芽分化。在采收前 1～2 月用透气性的地膜覆盖，果实不仅着色早，而且色泽鲜艳，商品性好。

（4）生产停止期（采收后～翌年 3 月）　此期气温较低，蒸腾量小，降雨量也少。果实采收后，树体抵抗力削弱，尽管已处于相对休眠状态，但如连续干旱，容易引起落叶，影响来年产量。一般应在采收后结合施肥充分灌水，如连续干旱 20 天以上应继续灌水一次。

2. 灌水时期确定

柑橘在整个生长发育过程中，都需要水分，但必须适时适量才有利于柑橘的生长。柑橘园的灌溉必须结合树龄和各个物候期对水分的要求、当地的气候条件、土壤含水量等，确定正确的灌水时期和灌水量。灌水时期应根据柑橘对水分的需要量、土壤含水量和气候条件等因素确定。具体方法有经验法和张力计法。

（1）经验法 在生产实践中可凭经验判断土壤含水量。如壤土和沙壤土，用手紧握形成土团，再挤压时土团不易碎裂，说明土壤湿度大约在最大持水量的50%以上，一般不进行灌溉；如手捏松开后不能形成土团，轻轻挤压容易发生裂缝，证明水分含量少，及时灌溉。夏秋干旱时期还可根据天气情况决定灌水时期，一般连续高温干旱15天以上即需开始灌溉，秋冬干旱可延续20天以上再开始灌溉。

（2）张力计法 一般可在柑橘园土层中埋两支张力计，一支埋深60厘米，一支埋深30厘米。30厘米张力计读数决定何时开始灌溉，60厘米张力计读数回零时停止灌溉。当30厘米张力计读数达-15千帕时开始滴灌，滴到60厘米张力计读数回零时为止。当用滴灌时，张力计埋在滴头的正下方。

三、柑橘水肥一体化技术施肥方案

柑橘类果树包括柑橘、橙、柚子，为木本深根性果树，结果期长，花量大，抽生春梢、夏梢和秋梢，枝梢生长及果实发育期是养分吸收的主要时期。

1. 柑橘的营养特性

（1）柑橘养分需求量 柑橘周年抽梢次数多、结果多、挂果期长，对肥料需求量大。柑橘几乎整年都在抽梢、开花和结果，需要从土壤中吸收一定数量的养分。一般来说，柑橘一年要抽3～4次梢，结果多，落果也多，挂果期长（一般在5个月左右），要消耗大量的营养物质。综合各地研究资料，每生产1000千克柑橘果实，需氮 1.18～1.85 千克、五氧化二磷 0.17～0.27 千克、氧化钾 1.70～2.61 千克、钙 0.36～1.04 千克、镁 0.17～1.19 千克，硼、锌、锰、铁、铜、钼等微量元素含量范围在 10～100 毫克/千克。

（2）柑橘施肥时期　枝梢生长及果实发育期是养分吸收的时期，通过灌溉系统追肥的时间安排在萌芽前至果实糖分累积阶段。根据目标产量计算总施肥量，施肥分配主要根据其吸收规律来定。在具体的施肥安排上还要分幼年树、初结果树和成年结果树。磷肥一般建议基施。对幼年树而言，全年每株建议施氮 0.2 千克和钾 0.1 千克，配合施用沤腐的粪水。初结果树每株全年参考肥量为氮 0.4～0.5 千克、磷 0.1～0.15 千克、钾 0.5～0.6 千克，配合有机肥 10～20 千克，其中秋梢肥占 40%～50%、春梢肥占 20%～25%、基肥占 25%～40%。成年结果树已进入全面结果时期，营养生长与开花结果达到相对平衡，调节好营养生长与开花结果的关系，适时适量施肥。一株成年树大致的施肥量为氮 1.2～1.5 千克、磷 0.3～0.35 千克、钾 1.5～2.0 千克，主要分配在花芽分化期、坐果期、秋梢及果实发育期、采果前和采果后。采用少量多次的做法，不管是微喷还是滴灌，全年施肥 20 次左右。

① 幼树施肥。未进入结果期的幼树，其栽培目的在于促进枝梢快速生长，为早结丰产打下基础。1～2 年生的幼树以叶面喷施为主，地面施肥为辅。地面施肥浓度要稀，应以氮肥为主，配合施磷、钾肥，促根系生长，让幼树多发新梢。全年每株建议施氮 0.18～0.3 千克，随树龄增加从少到多，逐年提高，氮、磷、钾的比例为 1∶0.5∶0.9。由于幼树根系生长范围小，吸肥力弱，施肥宜取少量多次的施用方法，每年施肥 4～6 次或 7～8 次。氮、钾化肥易溶解在腐熟人畜粪尿或清水中，可随灌溉系统施肥。厩肥等有机肥挖深 20～40 厘米沟施，过磷酸钙或钙镁磷肥可在夏季一次性沟施。

② 结果树施肥。柑橘进入结果期后其栽培目的主要是继续扩大树冠，同时获得丰产和优质。枝梢生长及果实发育期是养分吸收的时期，通过灌溉系统追肥的时间安排在萌芽前至果实糖分累积阶

段。一年中柑橘对养分的需求和吸收是随着生长季节的改变而变化的。我国柑橘产区根据物候期的变化大多每年施4次肥，即萌芽肥、稳果肥、壮果肥和采果肥。萌芽肥宜在2月下旬至3月上旬春芽萌发前施用，以速效氮肥为主，配合施用磷肥。应在5月中旬第一次生理落果之后至6月下旬第二次生理落果到来之前，施速效性的稳果肥1次，以氮肥为主，结合施用磷肥。壮果肥应在7～9月份施用，此时也是夏梢充实和秋梢抽生期，结合灌水抗旱追施氮、磷、钾肥，对促进壮果和秋梢的生长都有明显的效果。采果肥一般在采果的前后施下，以有机肥为主并根据情况适当搭配速效肥料，控制施氮量，追肥宜早施，时间一般为10月下旬至11月下旬，施肥量占全年的30%左右。

2. 柑橘树水肥一体化施肥方案

在水肥一体化技术条件下，更加关注肥料的比例、浓度，而非施肥总量。因为水肥一体化中肥料是少量多次施用的。施肥是否充足，可以从枝梢质量、叶片外观做直观判断。如果发现肥料不足，可以随时增加肥料用量；如果发现肥料充足，也可以随时停止施肥。通常建议是"一梢三肥"，即在萌芽期、嫩梢期、梢老熟期前各施一次肥；果实发育阶段多次施肥，一般半月一次。

（1）广西砂糖橘滴灌施肥方案　表8-1为广西某果园砂糖橘滴灌施肥方案，目标产量在2500～3000千克/亩。

表8-1　广西某果园砂糖橘滴灌施肥方案

生育期	灌溉次数/次	灌水量/[米³/(亩·次)]	每次灌溉加入的纯养分/(千克/亩)		
			N	P_2O_5	K_2O
花期	3	3	2.2	1.65	1.65
幼果期	3	3	2.64	1.98	1.98
生理落果期	3	5	1.85	1.45	3.30
果实膨大期	3	5	1.08	0.85	1.93
果实成熟期	1	4	1.54	1.21	2.75
合计	13	52	24.85	19.0	29.3

应用说明：

① 冬季挖坑，可每株施腐熟有机肥 30～60 千克、硫酸镁 0.15 千克。

② 花期滴灌施肥 3 次，每亩每次施尿素 4.1 千克、工业级磷酸一铵 2.7 千克、硫酸钾 3.3 千克。幼果期滴灌施肥 3 次，每亩每次施尿素 4.9 千克、工业级磷酸一铵 3.2 千克、硫酸钾 4.0 千克。生理落果期滴灌施肥 3 次，每亩每次施尿素 3.3 千克、工业级磷酸一铵 2.4 千克、硫酸钾 6.6 千克。果实膨大期滴灌施肥 3 次，每亩每次施尿素 2.0 千克、工业级磷酸一铵 1.4 千克、硫酸钾 3.9 千克。果实成熟期滴灌施肥 1 次，每亩施尿素 2.8 千克、工业级磷酸一铵 2.0 千克、硫酸钾 5.5 千克。

③ 叶面追肥：春梢萌芽期，叶面喷施 1500 倍活力硼叶面肥；谢花保果期，叶面喷施 1500 倍活力钙叶面肥；果实膨大期，叶面喷施 1500 倍活力钙叶面肥 2 次，间隔期 20 天。

（2）广东砂糖橘结果树滴灌施肥方案　表 8-2 为广东某果园砂糖橘结果树滴灌施肥方案，可供各地推广借鉴。

表 8-2　广东某果园砂糖橘结果树滴灌施肥方案

施肥时期	肥料/（千克/亩）					备注
	尿素	磷酸一铵	氯化钾	硫酸镁	硝酸铵钙	
1 月中旬				3		叶面喷施
3 月中旬				3		叶面喷施
4 月中旬				3		叶面喷施
5 月中旬		2	2			滴灌施肥
6 月中旬		3	5	3	2	叶面喷施
7 月上旬	3	2	5		2	滴灌施肥
7 月下旬	6	2	5		2	滴灌施肥
8 月上旬	6	1	6		3	滴灌施肥
8 月下旬	5	1	7			滴灌施肥
9 月上旬	5	1	8		3	滴灌施肥
9 月下旬	5	1	8			滴灌施肥

续表

施肥时期	肥料/(千克/亩)					备注
	尿素	磷酸一铵	氯化钾	硫酸镁	硝酸铵钙	
10月中旬	5	1	8		2	滴灌施肥
11月上旬	3		8			滴灌施肥
11月下旬	3		6			滴灌施肥
12月上旬						沟施有机肥
总计	41	14	68	12	14	

应用说明：

① 冬季挖坑，可每株施腐熟有机肥30～60千克。

② 1月中旬、3月中旬、4月中旬、6月中旬分别喷施硫酸镁溶液，每亩用量3千克，浓度0.3%～0.5%。

③ 5月中旬、7月上旬、7月下旬、8月上旬、8月下旬、9月上旬、9月下旬、10月中旬、11月上旬、11月下旬分别按表中标注肥料及用量滴灌施肥。

④ 春梢萌芽期，叶面喷施0.1%～0.3%硼砂溶液、0.1%～0.2%硫酸锌溶液。花后至采收前，叶面喷施0.3%～0.5%硝酸钙溶液。

第二节
荔枝水肥一体化技术应用

我国是荔枝生产第一大国，荔枝种植总面积55.78万公顷，荔枝总产量169.96万吨。我国荔枝种植主要分布于热带南亚热带的粤、桂、闽、琼四省区，其荔枝的种植面积和年产量分别占我国总面积和总产量的98%以上。传统的土壤施肥见效慢、成本高，易受土壤限制而降低肥效，肥料利用率低。将灌溉与施肥相结合进行管道施肥灌溉在荔枝生产上已取得明显的示范和应用效果，运用水肥一体化技术，可节省肥料50%以上，节水40%以上，节省施肥灌溉劳动力 90％以上。许多荔枝园实行喷（滴）灌的水肥管理，可有效防止荔枝的落花、灼花和落果，且有利于新梢生长、花芽分化和果实生长发育（图8-2）。

图 8-2　荔枝幼树

一、荔枝水肥一体化技术灌溉类型

在山地果园进行地面灌溉，灌水量均匀度低，肥水流失量大。基于荔枝产区地形地貌特点，一般以滴灌、微喷灌效果最好。

1. 滴灌

普通滴灌管（带）一般用于平地压力变化小的荔枝园，可选用 0.3～1 毫米壁厚的普通滴灌管。山地荔枝园必须选择压力补偿滴灌，可选用 1 毫米以上壁厚的滴灌管。滴头间距 60～80 厘米，流量 2～3 升/小时。此流量的滴头下土壤湿润直径可达 50～100 厘米。滴头流量和间距大小与土质有关，沙性土壤宜选大流量、小间距，黏性土壤宜选小流量、大间距。沿种植行在树冠下铺设一条滴灌管，长度在 150 米以内。

滴灌管线沿行向向下铺设，为防日晒，PVC 管要埋入土中，且注意不影响日常的农事操作，安装好后要对系统压力进行调试，以保证田间出水的均匀性。对于施肥的调试主要是确定施肥时间，特别是通过密闭施肥罐施肥。调试方法是监测开始施肥后出水器处电导率的变化，当施肥后出水口的电导率与灌溉水的电导率相同时表明施肥完成。

2. 微喷灌

微喷灌适宜于平地荔枝园。是在每株树下安装塑料管道，并与蓄水池、输水管道相连，在每株树下的塑料管道上安装一个微喷头。通常微喷头的流量在 100～200 升/小时，喷洒半径在 2～3 米。

二、荔枝水肥一体化技术水分管理

1. 灌水时期

水分是荔枝树体的重要组成部分，与果树的生长发育、果品产量和品质等密切相关，充分老熟的荔枝叶片含水量为 45%～55%。幼龄荔枝根量少且浅，受表层土壤水分的影响较大。荔枝生长期间的灌溉量取决于荔枝树需水特点和土壤含水量，通常是春灌、夏排、秋冬调控。荔枝生育期有 4 个需水关键期，即花前期至出现白点前一周左右、开花期、果实生长期和采果后的秋梢期。这些发育期应保持土壤湿润，通常一次滴灌时间约 3～4 小时，但不宜超过 5 小时，对于沙土，滴灌不宜超过 2 小时，应遵循"少量多次"的原则。

2. 灌溉间隔

灌溉间隔时间由土壤湿度和土质而定，在无降雨的天气下，黏土一般 1 周灌溉 1 次，沙土则 1 周灌溉 2 次。一般可在荔枝园土层中埋两支张力计，一支埋深 60 厘米，一支埋深 30 厘米。30 厘米张力计读数决定何时开始灌溉，60 厘米张力计读数回零时停止灌溉。当 30 厘米张力计读数达 -15 千帕时开始滴灌，滴到 60 厘米张力计读数回零时为止。当用滴灌时，张力计埋在滴头的正下方。进入晚秋荔枝花芽诱导前的一段时期，应减少灌溉，以控制冬梢生长和促进花芽诱导。

三、荔枝水肥一体化技术施肥方案

1. 荔枝的营养特性

（1）荔枝的需肥规律　荔枝生长发育需要吸收 16 种必需营养元素，从土壤中吸收最多的是氮、磷、钾。据报道，每生产 1000 千克鲜荔枝果实，需从土壤中吸收氮 13.6～18.9 千克、五氧化二磷 3.18～4.94 千克、氧化钾 20.8～25.2 千克，其吸收比例为 1：0.25：1.42，由此可见，荔枝是喜钾果树。

荔枝对养分吸收有 2 个高峰期：一是 2～3 月抽发花穗和春梢期，对氮的吸收最多，磷次之；二是 5～6 月果实迅速生长期，对氮的吸收达到高峰，对钾的吸收也逐渐增加，如果养分供应不足，易造成落花落果。

（2）荔枝的施肥时期　一般主要有促梢肥、花前肥、壮果肥和采果肥。

① 促梢肥。一般在幼龄树定植 1 个月后待第一次新梢老熟后萌发第二次新梢时即可开始滴灌施肥。幼龄期荔枝树根系不够发达，一次不能吸收大量的肥料，施肥要遵循"勤施薄施"原则，肥料采用"少量多次"进行淋施或滴灌施用，肥料应先稀后浓，用量随树冠的扩大而逐步增加，二年生施肥量可比一年生翻倍。在生长季节应做到"一梢二肥"或"一梢三肥"，增加荔枝根量、促梢和壮梢。"一梢二肥"即指在新梢萌发和转绿时均各进行一次根际施肥和叶面喷肥。在枝梢顶芽萌动时施第一次肥促使新梢正常生长，所施肥料为以氮为主的速效肥；当新梢伸长基本停止、叶色由红转绿时进行第二次施肥，促使新梢迅速转绿，提高光合作用能力和营养物质的积累，增粗枝条，增厚叶片；在新梢转绿后施第三次肥，加速新梢老熟，缩短梢期，以促进新梢的萌发。幼年树促梢、壮梢肥以氮肥为主，配合适量的磷、钾肥，其比例纯氮（以 N 计）、纯磷（以 P_2O_5 计）、纯钾（以 K_2O 计）分别为 60%、15%、25%。

② 花前肥。施花前肥可促进花芽分化及花穗发育，减少落花

落果，提高坐果率，延迟春季老叶衰退。一般在开花前 25～30 天的花器分化期进行，以磷、钾肥为主，配施氮肥。施肥量视树势强弱及上年挂果多少而定。磷肥占年施肥量的 25%～30%，氮、钾肥占年施肥量的 20%～25%。对结果量多的弱势树，可适当增加氮肥施用量。

③ 壮果肥。施用壮果肥的主要目的是及时补充花期的养分消耗，减少第二次生理落果，促进果实膨大，为秋梢萌发储备养分。于花蕾期每株施鸡粪 15～25 千克、过磷酸钙 1.0～1.5 千克、硫酸钾 0.5～1.0 千克、硼砂 20 克、硫酸锌 20 克、硫酸镁 50 克。宜注意控制氮肥用量，以免刺激营养生长，加重生理落果。在晴天，每天滴灌 2 小时，保持土壤湿润。

④ 采果肥。施采果肥在于增强和恢复树势，促发秋梢，培养健壮的秋梢结果母枝，为来年奠定丰产的基础。施肥一般在采果前后分 2～3 次进行，以氮肥为主，配施磷钾肥；着重施用腐熟豆饼、花生饼、人畜粪尿等有机肥，配施尿素、三元复合肥。氮肥施用量占总施肥量的 45%～55%，磷、钾肥分别占 20%～35%。可通过叶面施肥补充钙、镁、硼等微量元素。

2. 荔枝树水肥一体化施肥方案

目前荔枝园普遍肥力较低，缺乏氮、磷、钾、镁、硼、锌等元素，要求做到有机肥和化肥配合、土壤施肥和叶面施肥配合、肥料采用"少量多次"淋施或滴灌施用，主要在开花前后、果实发育及抽梢期施用。

通常氮、钾、镁等肥料通过灌溉系统施用，磷肥和有机肥作基肥施用，微量元素肥料用叶面肥补充。对于第一次用灌溉系统施肥的用户，化肥用量在往年的基础上减少一半，减半后每次施用量遵循少量多次的原则，一般"一梢三肥"，抽梢前、抽梢后、梢老熟时各施一次，以氮、镁为主；果实发育期每 10 天施一次，以氮、钾、钙为主。表 8-3 为广东省某果场荔枝的滴灌施肥方案，可供参考。

表 8-3　成龄荔枝园（25 年）滴灌施肥方案

施肥时期	施肥量/（千克/亩）			
	尿素	氯化钾	磷酸二氢钾	硫酸镁
花芽分化期	0.7	0.7		
盛花期	1.77	1.45	0.57	
初始坐果期	2.17	1.90		
果实生长发育期	0.7	1.50		0.67
第一次秋梢	3.20			0.80
第二次秋梢	3.20	1.00		0.53

应用说明：

① 一般在采果前后施基肥。株施腐熟有机肥料 100～150 千克、尿素 0.8～1.0 千克、过磷酸钙 1.5～2 千克、氯化钾 0.8～1.0 千克。

② 花芽分化期、盛花期、初始坐果期、果实生长发育期可按表中注明的肥料品种与用量，一次滴灌施肥。

③ 第一次秋梢、第二次秋梢可按表中注明的肥料品种与用量，分 2～3 次进行滴灌施肥。

④ 叶面追肥。在开花前 25～30 天，叶面喷施 1500 倍活力硼叶面肥、800～1000 倍氨基酸螯合复合微量元素肥料。果实膨大期，叶面喷施 1500 倍活力钙叶面肥、1500 倍活力钾叶面肥。采果后，叶面喷施 600～800 倍大量元素水溶肥 2 次，间隔 20 天。

龙眼与荔枝同属无患子科，在生长习性上非常相似，其水肥一体化管理措施基本同荔枝。

第九章 主要草本果树水肥一体化技术应用

北方的落叶果树和南方的常绿果树多为木本乔木植物，我国果树中还存在一些一年生和多年生的草本果树。多年生草本果树主要有香蕉、菠萝、草莓、火龙果等。一年生草本果树主要是瓜类，如西瓜、甜瓜、哈密瓜、木瓜等。

第一节
香蕉水肥一体化技术应用

香蕉是热带亚热带的特产水果，具有投产快、产量高、风味独特、营养丰富、价值高、供应期长、综合利用范围广等特点。香蕉通常仅在南、北纬 23°的区域有大规模种植，我国主要分布在广东、广西、海南、福建、台湾等省区，云南、四川等省南部也有种植。香蕉的水肥管理非常烦琐，灌溉施肥次数比一般农作物多。在香蕉上采用滴灌水肥一体化技术能保证其水肥供给，形成勤施薄施的水肥管理习惯，可有效防止土壤盐渍化，改善蕉园生态环境，达到节水节肥、提高效率、增产增收等效果，满足规模化发展对肥水管理提出的精准、实用、可行的技术需求。加速实现香蕉生产管理精准化、自动化，具有广阔的前景（图 9-1）。

一、香蕉水肥一体化技术灌溉类型

香蕉适宜的灌溉方式有滴灌、膜下滴灌、喷水带、膜下喷水

图 9-1　香蕉

带、拖管淋灌等，其中以滴灌、膜下滴灌效果最好。

平地蕉园可采用压力补偿滴灌或普通滴灌，山地蕉园必须选择压力补偿滴灌。采用滴灌时，每行香蕉铺设一条滴灌管，间距40～50厘米，流量2～3升/小时。平均每株香蕉2个或4个滴头，一般山地蕉园每株2个滴头，平地蕉园每株4个滴头。每次可灌10～30亩。

二、香蕉水肥一体化技术水分管理

1. 香蕉需水规律

香蕉为热带水果，枝叶宽大肥厚，需水量较大。研究表明，香蕉在营养体最大时，晴天每株每天耗水约25千克，多云天耗水约18千克，阴天耗水约9.5千克。对香蕉整个生育期的测定结果表明，香蕉全期需水量为2309.5毫米。研究表明，网室内香蕉的耗水量比大田降低了44%～54%，两种灌溉条件下香蕉蒸散量差异不显著，说明网室内100%灌溉处理的灌溉水量偏多。

2. 香蕉水分管理

当蕉园内水分过多时，应及时排除积水；地下水位过高时，应及时将地下水位降至 60 厘米以下。当土壤田间持水量≤75%时应及时灌水。营养生长旺盛期、抽蕾期、果实生长期需水量大，通过灌水保持田间持水量达 80%～85%；苗期和果实成熟期需水量较少，则保持田间持水量达 75%～80%，采果前 7～10 天应停止灌水。

张力计可用于监测土壤水分状况并指导灌溉，是目前在田间应用较广泛的水分监测设备。一般埋两支，一支埋深为 30 厘米，一支埋深为 60 厘米。根据 30 厘米的张力计表头读数确定是否需要灌溉，当灌溉开始后，等到 60 厘米的张力计表头读数归零，则停止灌溉。在没有张力计的田间简易条件下，通常滴灌 1.5～2 小时，使深层土壤湿润，根系下扎深厚，可以避免夏季高温危害。间隔 1～4 天（根据天气情况和土壤湿润程度来定）滴灌 1 次。

三、香蕉水肥一体化技术施肥方案

1. 香蕉养分需求规律

我国香蕉的种类主要有香蕉、大蕉和龙牙蕉三大类型，但经过近几年来的品种优化，香蕉生产已从过去的多个主栽品种发展到目前的以巴西蕉为主。根据广东省农业科学院土壤肥料研究所研究结果（表 9-1），不同品种香蕉对养分的吸收比例接近，氮、磷、钾、钙、镁吸收比例为 1∶（0.08～0.09）∶（3.05～3.27）∶（0.55～0.61）∶（0.13～0.27）。如果以每生产 1000 千克香蕉果实计，不同品种需要吸收的氮、磷、钾养分量为：矮脚遁地雷≈中把香蕉＞矮香蕉＞巴西蕉，表明获得相等产量，巴西蕉需要吸收的养分量较少。

表 9-1　不同香蕉品种生产 1000 千克果实养分吸收量

品种	吸收情况	氮	磷	钾	钙	镁
中把香蕉	吸收量/千克	5.89	0.47	18.77		
	吸收比例	1	0.08	3.19		
矮脚遁地雷	吸收量/千克	5.93	0.48	18.07		
	吸收比例	1	0.08	3.05		

续表

品种	吸收情况	氮	磷	钾	钙	镁
矮香蕉	吸收量/千克	4.84	0.45	14.90	2.97	0.62
	吸收比例	1	0.09	3.08	0.61	0.13
巴西蕉	吸收量/千克	4.59	0.41	15.0	2.52	1.22
	吸收比例	1	0.09	3.27	0.55	0.27

2. 香蕉水肥一体化施肥原则

适于香蕉水肥一体化滴灌施肥的肥料应为水溶性肥料，水溶性肥料应符合《含腐殖酸水溶肥料》（NY 1106-2006）、《大量元素水溶肥料》（NY 1107-2006）、《微量元素水溶肥料》（NY 1428-2007）、《含氨基酸水溶肥料》（NY 1429-2007）等的要求。在土壤中移动较慢、吸收利用率较低的磷、钙等元素和有机肥料宜作基肥施用。香蕉肥料管理应遵循香蕉的营养需求规律，一般营养生长期勤施薄施，花芽分化期重施，抽蕾、成熟期适当减少用肥量，最好以有机肥、无机肥混合施用。

3. 香蕉水肥一体化施肥模式

（1）重力自压施肥法　该施肥方法是在供水水池顶部修建一个施肥池或放置一个施肥容器，利用重力自压使肥液进入灌溉管道系统进行施肥的方法。施肥时先打开水池阀门，然后打开施肥阀门即可进行施肥。该施肥方法在灌水均匀的条件下可以保证施肥的均匀性。该系统不需任何动力设备，运行成本低、技术要求低、操作简单、实用耐用，非常适合在我国山地丘陵区微灌系统中推广应用。

（2）泵前侧吸施肥法　该方法是利用离心泵吸水管内的负压将肥料溶液吸入系统，使水泵在吸水的同时将肥液吸入灌溉管道中去。池用普通水泥池即可，施肥量少时用塑料桶等容器均可作为施肥容器，选择余地大。施肥速度用施肥阀门的开度大小即可控制，操作简单，易于掌握，但要求水源水位不低于泵入口 10 米。该法不需昂贵的专用施肥设备，适合在平坦地区应用。

（3）移动式灌溉施肥机施肥法　移动式灌溉施肥机施肥法主要

是种植规模相对较小的用户使用。该施肥机的首部加压系统拆卸方便、移动灵活，并且占地空间小、投资成本低，实现在小区域范围内的水肥一体化灌溉施肥管理。

4. 香蕉水肥一体化施肥方案

根据香蕉生长特性、土壤肥力状况、气候条件及目标产量确定总施肥量、各种养分配比、基肥与追肥的比例，进一步确定基肥的种类和用量，各个时期追肥的种类和用量、追肥时间、追肥次数等。基肥一般以有机肥、磷肥为主，还包括其他各种难溶性肥料，在种植前施入定植穴，要与土壤拌匀。定植前先滴灌淋水约 0.5 小时，以保证种植穴底层充分湿润。

（1）香蕉滴灌施用单质肥料方案　由于香蕉生育期长（约 1 年），且受气候条件、土壤状况及品种特性等诸多综合因素影响，难于确定具体的施肥日期。通过实践探索，可采用"按叶片数量施肥法"，即建立在香蕉的生长发育规律和养分需求规律的基础上，根据叶片数量来定施肥量和施肥次数，在生产上可操作性强。组培苗移栽时长出的第一片花叶为第 9 叶，用记号笔或油漆在叶柄或叶片上做记号，以后根据叶片数确定施肥时间（表 9-2）。

表 9-2　水肥一体化条件下香蕉滴灌施用单质肥料方案

叶数/片	尿素/(克/株)	氯化钾/(克/株)	硝酸钙/(克/株)	硫酸镁/(克/株)
9～10	5			
11～12	5	5		5
13～14	6			
15～16	8	15		
17～18	10			25
19～20	12	30		
21～22	15			
23～24	20	60		50
25～26	25			
27～28	3	120		

叶数/片	尿素/(克/株)	氯化钾/(克/株)	硝酸钙/(克/株)	硫酸镁/(克/株)
29～30	35			150
31～32	40	130	30	
33～34	40	120		
35～36	40	120	50	100
37～38	40	100		
39～40	30	100	50	
41～42	15	80		
43～44	15	70	50	
44叶后20天	15	50	50	
44叶后40天	10	50		
44叶后60天	10	30		

应用说明:

① 水肥一体化系统对肥料的溶解性有较高的要求,尿素、氯化钾、硝酸钾、硝酸钙、硫酸镁等水溶性好的化肥是水肥一体化系统的首选肥料。过磷酸钙在移苗前全部作基肥施用。有机肥沿滴灌管方向开沟施用,盖少量土。

② 冬春基肥一般开沟环状施肥,施后覆土。如遇土壤干旱,还需适量浇水。一般株施腐熟有机肥10～30千克、尿素0.2～0.3千克、过磷酸钙0.5～0.7千克、氯化钾0.5～0.7千克。

③ 香蕉生育期按叶片数参照表中标注的肥料品种及用量进行滴灌施肥。

④ 香蕉花芽分化期,叶面喷施1500倍含活力硼叶面肥、1500倍活力钙叶面肥。抽蕾至果实成熟前20天左右,叶面喷施500～1000倍含腐殖酸水溶肥或500～1000倍含氨基酸水溶肥、500倍活力钾叶面肥。

(2) 香蕉滴灌施用多元素滴灌施肥方案 香蕉滴灌也可以施用多元素滴灌肥(20-0-28)、大粒钾肥等(表9-3)。

表 9-3　水肥一体化条件下香蕉滴灌施用多元素滴灌肥方案

叶片数	多元素滴灌肥 /（克/株）	大粒钾肥 /（克/株）	叶片数	多元素滴灌肥 /（克/株）	大粒钾肥 /（克/株）
9～10	6	3	31～32	45	45
11～12	8	4	33～34	45	45
13～14	12	6	35～36	45	35
15～16	15	10	37～38	45	35
17～18	20		39～40	40	35
19～20	25	30	41～42	30	20
21～22	30		43～44	20	20
23～24	30	30	44 叶后 20 天	20	10
25～26	30		44 叶后 40 天	20	10
27～28	35	40	44 叶后 60 天	20	10
29～30	45	30			

应用说明：

① 冬春基肥一般开沟环状施肥，施后覆土。如遇土壤干旱，还需适量浇水。一般株施腐熟有机肥 10～30 千克、尿素 0.2～0.3 千克、过磷酸钙 0.5～0.7 千克、氯化钾 0.5～0.7 千克。

② 香蕉生育期按叶片数参照表中标注的肥料品种及用量进行滴灌施肥。

③ 香蕉花芽分化期，叶面喷施 1500 倍含活力硼叶面肥、1500 倍活力钙叶面肥。抽蕾至果实成熟前 20 天左右，叶面喷施 500～1000 倍含腐殖酸水溶肥或 500～1000 倍含氨基酸水溶肥、500 倍活力钾叶面肥。

四、香蕉水肥一体化配套关键技术

1. 土地整合整地

调整产业结构，流转土地，集中开发利用，发展香蕉产业。通过整合土地资源，统一规划、统一垦耕、统一种植、统一管理，创建香蕉标准化示范园。香蕉标准化生产示范园认真按照农业部香蕉标准园创建，制订香蕉标准化生产技术规程，建立质量管理制度，建立安全使用农药制度，建立香蕉产品质量追溯制度，并配套有必要的基地道路、灌溉系统，实现香蕉园内道路通达，灌溉设施配套，使香蕉生产上规模、上档次，取得较好的效益。

2. 深耕深松

推广深耕深松，深度达 30～40 厘米，以改善土壤结构，并采用深耕浅种法增加田间持水量，有需要的地方深翻后施石灰氮 60 千克/亩，盖膜 15 天，可有效抑制枯萎病发生。蕉园经翻犁风化后，按株行距开定植穴。山地蕉园的定植穴适当加深加大，宽、深各约 1 米；平地蕉园也要开好定植穴，宽、深各约 0.5 米。

3. 起垄栽培

南方夏季雨水多，土壤含水量若长期偏高，香蕉的中下层根因渍水缺氧，易导致烂根，仅土表尚有好根，这样香蕉长势差，易发生病害，不能达到优质高产，特别是地势平坦、排水不畅的田块更严重。起垄栽培可克服渍水影响。一般垄高 30 厘米，垄间距离 1.8～2.0 米，四周有深 50～60 厘米、宽 40 厘米左右的边沟，垄沟为通边沟，边沟之间相通，保证雨水顺利排出。

4. 施足基肥，合理搭配

定植穴开好后，施足基肥，基肥以腐熟土杂肥为主，每株约 10～20 千克，另外加入过磷酸钙 50 千克/亩，与土杂肥拌匀堆沤半个月以上才能使用。香蕉试管苗定植宜在晴天，由于苗很幼嫩，最好先在施足基肥的穴中盖一层薄瘦土，因为试管苗初期不能承受过重肥量。定植前先滴灌淋水约 0.5 小时，以保证种植穴底层充分湿润。

5. 做好植物保护

加强病、虫、草、鼠害综合防治，应用无公害新农药，全面推广化学除草，提高劳动效率。利用病情监测和常规措施防治真菌性病害，采用严格的检疫措施及地表上面的滴灌来避免枯萎病的传播。

第二节
菠萝水肥一体化技术应用

菠萝，又名凤梨，凤梨科凤梨属草本植物，原产巴西，现世界上40多个国家种植，是世界第三大热带水果，世界第七大水果。我国菠萝主要集中种植在广东省雷州半岛的徐闻、雷州，海南省的万宁、琼海、昌江，广西壮族自治区的南宁、钦州，福建省的龙海市、漳浦，云南省的西双版纳、德宏州等地。菠萝水肥一体化技术具有提高肥料利用率、节省肥料、提高产量和品质、减少人工、随时可以给菠萝供应水分和肥料等优点，即使在干旱季节也能够保证菠萝快速生长。

一、菠萝水肥一体化技术灌溉类型

1. 滴灌

普通滴灌管（带）一般用于平地压力变化小的菠萝园，可选用0.3～1毫米壁厚的普通滴灌管。山地菠萝园必须选择压力补偿滴灌，可选用1毫米以上壁厚的滴灌管。滴头间距30～40厘米，流量2～3升/小时。菠萝按照宽窄行方式种植，窄行40厘米，宽行50厘米，株间距33厘米。如采用滴灌，滴灌带铺设于窄行中间。菠萝滴灌管道铺设方式如图9-2所示。

2. 微喷灌

微喷灌适宜于平地菠萝园。通常微喷头的流量在100～200升/小时，喷洒半径在2～3米。

二、菠萝水肥一体化技术水分管理

1. 菠萝的需水特性

菠萝在整个生长发育过程中需水量、水分吸收利用规律、灌溉时期、方法等缺乏研究资料。仅有报道，菠萝耐旱，需一定水分，年降水量在 1000～1500 毫米且分布均匀为宜。另外，习金根等采用盆栽水分胁迫试验的方法，研究了不同土壤水分含量对菠萝地上部和根系生长的影响，结果表明：轻度水分胁迫有利于菠萝根系的生长，地下部生长和地上部生长正常，表现出一定的抗旱能力；随着土壤水分含量的升高菠萝株高和植株干重也逐渐变高变大。

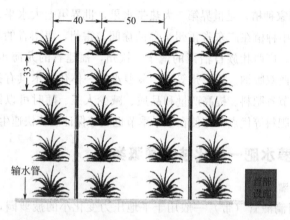

图 9-2 菠萝滴灌管道铺设示意图（单位：厘米）

2. 菠萝水分管理

当菠萝园内水分过多时，应及时排除积水；地下水位过高时，应及时将地下水位降至 60 厘米以下。当土壤田间持水量≤75％时应及时灌水。

张力计可用于监测土壤水分状况并指导灌溉，是目前在田间应用较广泛的水分监测设备。一般埋两支，一支埋深为 30 厘米，一支埋深为 60 厘米。根据 30 厘米的张力计表头读数确定是否需要灌溉，当灌溉开始后，等到 60 厘米的张力计表头读数归零，则停止灌溉。在没有张力计的田间简易条件下，通常滴灌 1.5～2 小时，使深层土壤湿润，根系下扎深厚，可以避免夏季高温危害。间隔 1～4 天（根据天气情况和土壤湿润程度来定）滴灌 1 次。

三、菠萝水肥一体化技术施肥方案

1.菠萝养分需求规律

据中国热带农业科学院分析资料，每1000千克菠萝果实带走氮0.73～0.76千克、五氧化二磷0.099～0.111千克、氧化钾1.63～1.71千克。每1000千克菠萝果与芽带走的养分则为：氮0.95～0.99千克、五氧化二磷0.13～0.14千克、氧化钾1.99～2.09千克。

据广西研究资料表明，每亩产3.5吨的菠萝园，每年吸收氮13.67千克、五氧化二磷3.87千克、氧化钾26.20千克、氧化钙8.07千克、氧化镁2.80千克。每产1吨果实，需要吸收氮3.7～7.0千克、五氧化二磷1.1～1.5千克、氧化钾7.2～10.8千克、氧化钙2.2～2.5千克、氧化镁0.25～0.78千克。

2.菠萝水肥一体化技术施肥方案

菠萝滴灌施肥技术是借助于滴灌带，将溶解于水中的肥料直接滴灌到菠萝根部，便于菠萝直接吸收养分的一种集灌溉与施肥于一体的技术。水肥一体化系统对肥料的溶解性有较高的要求，氮、钾等水溶性好的肥料通过滴灌系统施用；过磷酸钙、有机肥肥料在移栽前全部作基肥施用。

借鉴中国农业大学资源环境与粮食安全中心联合天脊化工集团股份有限公司、中国热带农业科学院南亚热带作物研究所等单位的菠萝滴灌施肥研究成果，建议菠萝生长期追肥方案采用表9-4。

表9-4　菠萝滴灌营养套餐施肥方案

施肥时期	施肥时间	施肥量	备注
缓慢生长期	定植后20～30天	根据肥源，选取下列组合之一进行施肥： ①亩施多元素滴灌肥(22-9-9)8～10千克、增效尿素2～3千克； ②亩施有机水溶肥(20-5-10)8～10千克、增效尿素2～3千克； ③亩施增效尿素6～8千克、腐殖酸型过磷酸钙5～7千克、大粒钾肥5～7千克	①每次施用时，先清水灌溉15分钟，水肥灌溉30分钟，最后再清水灌溉15分钟 ②目标产量为4500千克左右

施肥时期	施肥时间	施肥量	备注
缓慢生长期	定植后90～120天	根据肥源,选取下列组合之一进行施肥: ①亩施多元素滴灌肥(22-9-9)10～12千克、增效尿素3～5千克、硫酸镁3～5千克; ②亩施有机水溶肥(20-5-10)8～10千克、增效尿素3～5千克、硫酸镁3～5千克; ③亩施增效尿素7～9千克、腐殖酸型过磷酸钙5～7千克、大粒钾肥6～8千克	
快速生长期	定植后150～165天	根据肥源,选取下列组合之一进行施肥: ①亩施多元素滴灌肥(22-9-9)20～30千克、增效尿素10～12千克; ②亩施有机水溶肥(20-5-10)20～30千克、增效尿素10～12千克; ③亩施增效尿素15～20千克、腐殖酸型过磷酸钙20～30千克、大粒钾肥12～15千克	①每次施用时,先清水灌溉15分钟,水肥灌溉30分钟,最后再清水灌溉15分钟 ②目标产量为4500千克左右
	定植后180～195天	根据肥源,选取下列组合之一进行施肥: ①亩施多元素滴灌肥(22-9-9)25～35千克、硫酸镁5～7千克; ②亩施增效尿素17～21千克、腐殖酸型过磷酸钙25～30千克、大粒钾肥15～17千克、硫酸镁5～7千克	
	定植后210～225天	根据肥源,选取下列组合之一进行施肥: ①亩施有机水溶肥(20-5-10)25～35千克、氯化钾10～15千克; ②亩施增效尿素17～21千克、腐殖酸型过磷酸钙25～30千克、大粒钾肥15～17千克	
	定植后240～255天	亩施多元素滴灌肥(22-9-9)40～50千克、硫酸镁7～10千克	
催花期	催花前15～30天	根据肥源,选取下列组合之一进行施肥: ①亩施有机水溶肥(20-5-10)20～25千克。 ②亩施增效尿素12～15千克、腐殖酸型过磷酸钙5～10千克、大粒钾肥10～15千克	
果实膨大期	菠萝谢花后	根据肥源,选取下列组合之一进行施肥: ①亩施多元素滴灌肥(22-9-9)20～25千克、硝酸钙5～7千克; ②亩施增效尿素12～15千克、腐殖酸型过磷酸钙6～8千克、大粒钾肥10～15千克、硝酸钙5～7千克	

续表

施肥时期	施肥时间	施肥量	备注
壮芽期	果实收获后	根据肥源，选取下列组合之一进行施肥： ①亩施多元素滴灌肥（22-9-9）10～15千克； ②亩施有机水溶肥（20-5-10）12～16千克； ③亩施增效尿素10～12千克、腐殖酸型过磷酸钙6～8千克、大粒钾肥10～12千克	①每次施用时，先清水灌溉15分钟，水肥灌溉30分钟，最后再清水灌溉15分钟 ②目标产量为4500千克左右

应用说明：

① 采果后，一般开沟施基肥，施后覆土。每亩施腐熟有机肥3000～5000千克、尿素15～20千克、过磷酸钙15～20千克、大粒钾肥10～15千克。

② 菠萝不同生育期表中标注的多元素滴灌肥、有机水溶肥可利用滴灌水肥同时使用，标注的含有增效尿素、腐殖酸型过磷酸钙、大粒钾肥、硝酸钙等肥料采用沟施，不能利用滴灌水肥同时使用。

③ 菠萝定植成活后，完全封行前，叶面喷施500～1000倍含腐殖酸水溶肥或500～1000倍含氨基酸水溶肥。10月至翌年2月，叶面喷施1500倍含活力硼叶面肥。谢花至果实膨大前，叶面喷施500倍活力钾叶面肥。

第三节
西瓜水肥一体化技术应用

西瓜属葫芦科西瓜属一年生蔓性草本植物。我国西瓜栽培面积居世界第一位。我国各省、自治区、直辖市均有种植，以新疆吐鲁番西瓜、兰州沙田西瓜、北京大兴西瓜、河南汴梁西瓜、山东德州西瓜、陕西关中西瓜等闻名全国。西瓜生长速度快，要及时供应养分，但在西瓜种植中，瓜农在浇水施肥上多采用大水畦灌冲施肥的传统方法，盲目、超量施肥和灌溉，不但造成了肥水的大量浪费，且易使土壤污染和酸化板结，降低肥料利用率，严重影响西瓜的产量和品质。因此，西瓜栽培宜采用滴灌、渗灌、喷灌等水肥一体化灌溉技术，实现西瓜优质高产。此外，西瓜多种植于轻质或沙质土壤，而这类土壤往往保肥保水能力差，应用少量多次的水肥一体化技术正好可解决这一问题（图9-3）。

图 9-3　西瓜

一、西瓜水肥一体化技术灌溉类型

西瓜适宜的灌溉模式以膜下喷水带灌溉、膜下滴灌等最常用，通常一行西瓜安装一条喷水带，孔口朝上，覆膜。沙土质地疏松，对水流量要求不高，但黏土上水流量要小，以防地表径流。喷水带的管径和喷水带的铺设长度有关，以整条管带的出水均匀度达到90%为宜。如采用间距40～50厘米，流量1.5～3.0升/小时，沙土选大流量滴头，黏土选小流量滴头。

对于西瓜滴灌来说，铺设网管时，工作行中间铺设送水管，输水管道一般是三级式，即干管、支管和滴灌毛管，其中毛管滴头流量选用每小时2.8升，滴头间距为30厘米。进水口处与抽水机水泵出水口相接，送水管的前端安装1个带开关的四通接头，直通续接送水管，侧边分别各接1条滴管，使用90厘米宽的膜，每条膜内铺设一条滴灌毛管，相邻 2 条毛管间距 2.6 米，用量为 26 米/亩。滴管安装好后，每隔 60 厘米用小竹片拱成半圆形卡过滴管插稳在地上，半圆顶距离管充满水时 0.5 厘米为宜，这样有利于覆盖薄膜后薄膜与滴管不紧贴、泥沙不堵塞滴管出水孔，最后覆盖地膜。春季为防寒要加小拱棚。

二、西瓜水肥一体化技术水分管理

1. 西瓜需水规律

西瓜是需水量较多的作物，一株具有 2～3 叶片的幼苗每昼夜蒸腾水量为 170 克，雌花开放时每株西瓜每天蒸腾水量为 250 克，结果期蒸腾量更大。一株西瓜一生能消耗 1 吨水。西瓜虽然耗水量大，但它又是耐旱性极强的作物。结果期遇到干旱时，果实所含的水分甚至能流回植株，供植株的需要。西瓜植株极不耐涝，一旦水涝或土壤湿度过大时，根系因土壤中空气不足而窒息死亡。

2. 西瓜水分管理

西瓜全生育期共滴水 9～10 次，滴水量 23～27 米³/亩，西瓜播种后滴水 1.5 米³/亩。出苗水要充足，浸透播种带以确保与底墒相接，滴水量为 3 米³/亩。出苗后根据土壤墒情蹲苗，在主蔓长至 30～40 厘米时滴水 1 次，滴量为 2.7 米³/亩。开花至果实膨大期共滴水 6 次，每隔 5～7 天滴水 1 次，每次滴水量为 2.7 米³/亩，其中开花坐果期需水量较大，约 3～3.3 米³/亩，瓜果膨大期保持在 3.3 米³/亩。果实成熟期滴水 1 次，为保证西瓜的品质、风味，要减少灌水量，根据瓜蔓长势保持在 2.3～3 米³/亩。灌水时入沟流量以不漫垄为宜，果实采收前 7～10 天停止滴水。

三、西瓜水肥一体化技术施肥方案

1. 西瓜需肥规律

西瓜生育期较长，需肥量较大。整个生育期内，吸钾最多，氮次之，磷最少。各生育期需肥量不相同，幼苗期较少，抽蔓期吸肥量逐渐增多，膨瓜期吸肥量达到高峰期，占总吸肥量的60%以上，成熟期吸收量又有所下降。开花坐果前，以氮为主，膨瓜期要注意磷、钾肥的施肥，对增加产量、改善品质尤其重要。西瓜为忌氯作物，不要多施氯化钾、氯化铵等含氯肥料，否则会降低品质。微量元素能促进西瓜对养分的吸收与运转，锰、铁、铜等元素缺乏时，叶片失绿黄化，结瓜数量少，西瓜维生素C、糖分含量低，产量明显下降。

西瓜整个生育期需钾量多，氮次之，磷最少；广东省农业科学院测定，一株正常的西瓜一生吸收氮、磷、钾的总量分别为氮14.5克、磷4.78克、钾20.41克。按吸收量和各自的利用率计算，三者比例为3.24∶1∶4.27。周光华测定结果是3.28∶1∶4.33，两者测定结果非常接近。

2. 西瓜水肥一体化技术施肥方案

（1）北京市日光温室早春西瓜滴灌施肥方案　表9-5是按照微灌施肥制度的制定方法，在北京市栽培经验基础上总结得出的日光温室早春西瓜滴灌施肥制度。

表9-5　日光温室早春西瓜膜下滴灌施肥方案

生育时期	灌溉次数	灌水定额/[米³/(亩·次)]	每次灌溉加入的纯养分量/(千克/亩)				备注
			N	P_2O_5	K_2O	$N+P_2O_5+K_2O$	
定植前	1	20	0	3.0	2.0	5.0	沟灌,施基肥
苗期	1	10	2.0	1.5	1.5	5.0	滴灌
抽蔓期	2	14	2.5	1.0	2.5	6.0	滴灌,施肥1次
膨大期	4	16	3.0	0.5	4.0	15.0	滴灌,施肥2次
合计	8	122	10.5	6.5	14.0	31.0	

应用说明：

① 本方案适宜于华北地区日光温室早春西瓜栽培，砂壤或轻壤土质，3月中下旬定植，密度680~700株/亩，目标产量4500~5000千克/亩。

② 定植前施基肥，每亩施腐熟有机肥 1500～2500 千克、磷肥（折纯，以 P_2O_5 计）3 千克、钾（折纯，以 K_2O 计）2 千克。其中，化肥品种可选用过磷酸钙每亩 20～25 千克、硫酸钾每亩 2.5 千克。沟灌 20 米³/亩。

③ 苗期根据土壤墒情适时滴灌 1 次，结合滴灌实施施肥，每亩施尿素 4.3 千克、磷酸二氢钾 2.9 千克、硫酸钾 1.1 千克。抽蔓期滴灌 2 次，结合第 1 次滴灌进行施肥 1 次，每亩施尿素 5.4 千克、磷酸二氢钾 2.9 千克、硫酸钾 1.1 千克。膨大期滴灌施肥 4 次，结合第 1 和第 3 次滴灌进行施肥，每亩每次施尿素 6.5 千克、磷酸二氢钾 1.0 千克、硫酸钾 1.4 千克。

④ 在幼瓜期和膨大期是需钙量最高的时期，叶面喷施钙肥 3～5 次，叶面喷施硝酸钙浓度为 0.3%～0.5%。在花前和花期重视硼肥的施用，可采用基施或者叶面喷施等措施，基施每亩硼砂 1.0 千克，叶面喷施硼砂浓度为 0.1%～0.3%。

⑤ 参照灌溉施肥制度表提供的养分数量，可以选择其他的肥料品种组合，并换算成具体的肥料数量。不使用含氯化肥。

（2）山东省设施栽西瓜滴灌施肥方案 表 9-6 是按照微灌施肥制度的制定方法，在山东省日光温室的栽培经验的基础上总结得出的日光温室或大拱棚早春西瓜滴灌施肥制度。

表 9-6 日光温室或大拱棚早春西瓜滴灌施肥制度

生育时期	灌溉次数	灌水定额/[米³/(亩·次)]	每次灌溉加入的纯养分量/(千克/亩)				备注
			N	P_2O_5	K_2O	$N+P_2O_5+K_2O$	
定植前	1	20	0	3.0	2.0	5.0	沟灌,施基肥
苗期	1	10	2.0	1.5	1.5	5.0	滴灌,施肥 1 次
抽蔓期	2	14	2.5	1.0	2.5	6.0	滴灌,施肥 1 次
膨大期	4	16	3.0	0.5	4.0	15.0	滴灌,施肥 2 次
合计	8	122	10.5	6.5	14.0	31.0	

应用说明：

① 本方案适宜于华北地区日光温室或大拱棚早熟西瓜早春茬

栽培，砂壤或轻壤土质，土壤 pH6.5～7.5，土壤有机质含量适中。2 月中、上旬定植，5 月中旬采收完毕，每亩定植约 800 株，目标产量 3000 千克/亩。

② 定植前施基肥，亩施有机肥 3000 千克、氮肥（折纯，以 N 计）1.8 千克、磷肥（折纯，以 P_2O_5 计）3.2 千克、钾肥（折纯，以 K_2O 计）1.8 千克，其中，化肥品种可选用尿素每亩 1.2 千克、磷酸二铵每亩 7.0 千克、硫酸钾每亩 3.6 千克。灌溉采用沟灌，约用水 22 米^3/亩。

③ 苗期滴灌施肥 1 次，每亩施尿素 2.7 千克、工业级磷酸一铵 2.5 千克、硝酸钾 3.4 千克。抽蔓期滴灌施肥 1 次，每亩施尿素 3.4 千克、工业级磷酸一铵 1.6 千克、硝酸钾 5.6 千克。膨大期滴灌施肥 2 次，每亩每次可用尿素 3.7 千克、工业级磷酸一铵 0.8 千克、硝酸钾 9.0 千克。

④ 西瓜 5 片真叶期，叶面喷施 1500 倍活力硼叶面肥。小瓜期（坐住瓜后），叶面喷施 1500 倍活力钙叶面肥。果实膨大期叶面喷施 0.3％磷酸二氢钾 2～3 次。

⑤ 每次滴灌时参照灌溉施肥制度表中提供的养分数量选择适宜的肥料品种，并换算成具体的肥料数量。不施用含氯化肥。

甜瓜、哈密瓜的水肥一体化技术与西瓜类似，可以参考西瓜进行。

第四节
草莓水肥一体化技术应用

草莓的气候适应性广，我国各省、自治区、直辖市均有栽培，主要分布在北到辽宁、南至浙江等我国中东部地区，其中最为集中的产地有辽宁丹东、河北满城、山东烟台、江苏句容、上海青浦和奉贤、浙江建德等。设施条件下可将草莓鲜果由定植当年的 11 月陆续上市至次年 6 月，这样既满足了不同消费者在不同季节对草莓鲜果的需求，又提高了生产者的经济效益。草莓实施膜下灌溉施肥对提高草莓的商品性作用明显，深受果农喜欢（图9-4）。

图 9-4　设施草莓水肥一体化技术应用

一、草莓水肥一体化技术灌溉类型

草莓适宜的灌溉模式以滴灌、喷水带灌溉等最常用。草莓园一般为平地，可采用普通滴灌，以膜下滴灌为好。每两行共用一条滴灌管，铺设长度可达 100 米以上，滴头间距 0.2～0.3 米，滴头流量一般为 1.0～2.0 升/小时。

在草莓生产中，喷水带灌溉也是常见一种灌溉方式，应尽量选择小流量喷水带，通常两行草莓安装一条喷水带，孔口朝上，覆膜。铺设长度不超过 50 米，流量 1.5～3.0 升/小时，沙土选大流量滴头，黏土选小流量滴头。

二、草莓水肥一体化技术水分管理

1. 草莓需水规律

草莓根系浅，喜湿，叶表面蒸发量大，要求充足的水分。但在不同的生长发育期，对水分的要求是不一样的。在开始生长和开花期，要求土壤水分不低于田间持水量的70%。果实生长和成熟期要求土壤水分最多，要求在田间持水量的80%以上。果实采收后，植株进入旺盛生长期，也要求土壤含水量在田间持水量的70%左右。花芽分化期要求水分较少，土壤含水量要求在田间持水量的60%。生长期缺乏水分时，植株矮、叶片小、叶柄短。开花期水分不足时，花期缩短，花瓣卷于花萼内不展开而枯萎。浆果膨大时水分不足，果实变小，品质变劣。但土壤含水量过多时，抑制根系的呼吸，会引起根系死亡，叶片变黄、萎蔫、脱落或果实腐烂，引起植株发病。

2. 草莓水分管理

（1）经验法　在生产实践中可凭经验判断土壤含水量。如壤土和砂壤土，用手紧握形成土团，再挤压时土团不易碎裂，说明土壤湿度大约在最大持水量的50%以上，一般不进行灌溉；如手捏松开后不能形成土团，轻轻挤压容易发生裂缝，说明水分含量少，要及时灌溉。夏秋干旱时期还可根据天气情况决定灌水时期，一般连续高温干旱15天以上即需开始灌溉，秋冬干旱可延续20天以上再开始灌溉。

（2）张力计法　草莓为浅根性作物，绝大部分根系分布在30厘米土层中。当用张力计检测水分时，一般可在草莓园土层中埋1支张力计，埋深20厘米。土壤湿度保持在田间持水量的60%～80%，即土壤张力在10～20厘巴时有利于草莓生长。超过20厘巴表明土壤变干，要开始灌溉，张力计读数回零时为止。当用滴灌时，张力计埋在滴头的正下方。

三、草莓水肥一体化技术施肥方案

1. 草莓需肥规律

草莓对养分的吸收随生长发育阶段的推进而增加，与露地草莓相比，保护地栽培草莓由于避免了休眠期，其营养特性发生了很大变化。草莓在定植时花芽已经分化，11月初已现蕾、开花，11月底第 1 花序果实已膨大，生殖生长占主导地位，此时磷、钾吸收量逐渐增加；12 月底至次年 1 月中旬，草莓已陆续采收；至 2 月底，第一花序草莓已基本采收完毕，草莓又转入营养生长占主导地位，磷、钾吸收比例减少；3 月中旬后，第二花序陆续开花结果，又转入生殖生长阶段，4 月份后草莓进入正常生长时期，随着第二花序果实采收基本结束，营养生长又渐趋旺盛，吸收氮的比例又有所增加，而磷、钾比例有所减少。可见，保护地栽培草莓营养生长的吸收随生育期的转换呈周期性变化，生长中心为茎、叶时，则吸收较多氮素；而生长中心为果实时，则吸收磷、钾较多。

据研究，每生产 1000 千克果实约需从土壤中吸收纯氮 6～10 千克、五氧化二磷 2.5～4 千克、氧化钾 9～13 千克，氮、磷、钾吸收比例为 1：（0.34～0.40）：（1.34～1.38）。

2. 草莓水肥一体化技术施肥方案

（1）山东省设施草莓滴灌施肥方案 表 9-7 是按照微灌施肥制度的制定方法，在山东省栽培经验的基础上总结得出的日光温室或大拱棚草莓滴灌施肥制度。

表 9-7 日光温室或大拱棚草莓滴灌施肥制度

生育时期	灌溉次数	灌水定额/[米³/(亩·次)]	每次灌溉加入的纯养分量/(千克/亩)				备注
			N	P_2O_5	K_2O	$N+P_2O_5+K_2O$	
定植前	1	20	2.0	6.0	3.0	11.0	沟灌
苗期	1～2	12	0	0	0	0	滴灌
开花-现蕾	1	12	1.2	0.5	1.2	2.9	滴灌
果实膨大期	1	14	1.2	0.5	1.2	2.9	滴灌
采收期	5	15	1.5	0.5	1.8	3.8	滴灌
合计	9～10	133～145	11.9	9.5	14.4	35.8	

应用说明：

① 本方案适宜于北方日光温室或大拱棚栽培，土壤 pH5.5～7.0，砂壤或轻壤土质，土壤养分含量中等，适宜休眠期较短的品

种。每亩定植 9000～10000 株，8 月下旬至 9 月上旬定植，目标产量 2000 千克/亩。

② 定植前施基肥，每亩施有机肥 3000 千克、氮肥（折纯，以 N 计）2.0 千克、磷肥（折纯，以 P_2O_5 计）8.0 千克、钾肥（折纯，以 K_2O 计）3.0 千克。其中，化肥品种可选用磷酸二铵每亩 13 千克、硫酸钾每亩 6.0 千克。灌溉采用沟灌，用水 20 米³/亩。

③ 苗期根据土壤墒情滴灌 1～2 次，土壤干旱则需要滴灌，但不施肥。开花—现蕾期、果实膨大期各滴灌 1 次，每亩每次肥料品种可选用尿素 1.8 千克、工业级磷酸一铵 0.8 千克、硝酸钾 2.7 千克。采收期滴灌施肥 5 次，每亩每次可用尿素 1.9 千克、工业级磷酸一铵 0.8 千克、硝酸钾 4.0 千克。

④ 采收期滴灌施肥 5 次。每次肥料可选用尿素 2.1 千克/亩、硝酸钾 4.1 千克/亩。每次可用尿素 1.9 千克/亩、工业级磷酸一铵 0.8 千克/亩、硝酸钾 4.0 千克/亩。

⑤ 在草莓现蕾期、开花期、花芽分化期要用 0.3% 磷酸二氢钾进行叶面喷施。

⑥ 每次滴灌时参照灌溉施肥制度表中提供的养分数量选择适宜的肥料品种，并换算成具体的肥料数量。不要施用含氯化肥。

（2）露地草莓滴灌施肥方案　露地草莓滴灌施肥，一般有机肥、磷肥采用土壤施肥。一般施有机肥 1000～1500 千克、平衡型复合肥 20～25 千克、磷酸二铵 20 千克，在移栽前 7～10 天翻入土中。

定植后追肥，以水溶性滴灌肥为主，结合滴灌进行施肥。

① 从定植至开花期，每亩施含微量元素高磷配方滴灌肥（15-30-15）10～12 千克，分 4 次施用，每次 2.5～3 千克，7～9 天 1 次。

② 开花至坐果期，每亩施含微量元素平衡配方滴灌肥（20-20-20）7～8 千克，分 2 次施用，每次 3.5～4 千克，7～9 天 1 次。

③ 坐果至收获结束，每亩施用含微量元素高钾配方滴灌肥（16-80-32-2Mg）90～97.5 千克，分 15 次施用，每次 6～6.5 千克，7～9 天 1 次。

参 考 文 献

[1] 程季珍，巫东堂，蓝创业. 设施无公害蔬菜施肥灌溉技术 [M]. 北京：中国农业出版社，2013.

[2] 崔毅. 农业节水灌溉技术及应用实例 [M]. 北京：化学工业出版社，2005.

[3] 邓兰生，张承林. 草莓水肥一体化技术图解 [M]. 北京：中国农业出版社，2015.

[4] 邓兰生，张承林. 香蕉水肥一体化技术图解 [M]. 北京：中国农业出版社，2014.

[5] 郭彦彪，李杜新，邓兰生等. 自压微灌系统施肥装置 [J]. 水土保持研究，2008，15 (1)：261-262.

[6] 郭彦彪，邓兰生，张承林. 设施灌溉技术 [M]. 北京：化学工业出版社，2007.

[7] 何龙，何勇. 微灌工程技术与装备 [M]. 北京：中国农业科学技术出版社，2006.

[8] 广西金穗农业集团有限公司. 广西滴灌香蕉营养与施肥 [M]. 北京：中国农业出版社，2015.

[9] 贾小红，陈清. 桃园施肥灌溉新技术 [M]. 北京：化学工业出版社，2007.

[10] 胡克纬，张承林. 葡萄水肥一体化技术图解 [M]. 北京：中国农业出版社，2015.

[11] 李保明. 水肥一体化实用技术 [M]. 北京：中国农业出版社，2016.

[12] 李久生，张建君，薛克宗. 滴灌施肥灌溉原理与应用 [M]. 北京：中国农业科学技术出版社，2005.

[13] 李俊良，金圣爱，陈清等. 蔬菜灌溉施肥新技术 [M]. 北京：化学工业出版社，2008.

[14] 李敬德，刘雪峰. 设施农业微灌施肥系统选型配套研究 [J]. 北京水务，2011 (1)：34-37.

[15] 李中华，张承林. 柑橘水肥一体化技术图解 [M]. 北京：中国农业出版社，2015.

[16] 罗金耀. 节水灌溉理论与技术 [M]. 武昌：武汉大学出版社，2003.

[17] 孟一斌，李久生，李蓓. 微灌系统压差式施肥罐施肥性能试验研究 [J]. 农业工程学报，2007 (3)：41-47.

[18] 彭世琪，崔勇，李涛. 微灌施肥农户操作手册 [M]. 北京：中国农业出版社，2008.

[19] 吴普特，牛文全. 节水灌溉与自动控制技术 [M]. 北京：化学工业出版社，2001.

[20] 隋好林，王淑芬. 设施蔬菜栽培水肥一体化技术 [M]. 北京：金盾出版社，2015.

[21] 徐坚，高春娟. 水肥一体化实用技术 [M]. 北京：中国农业出版社，2014.

［22］　徐卫红. 水肥一体化实用新技术［M］. 北京：化学工业出版社，2015.

［23］　宋志伟等. 果树测土配方与营养套餐施肥技术［M］. 北京：中国农业出版社，2016.

［24］　王克武，周继华. 农业节水与灌溉施肥［M］. 北京：中国农业出版社，2011.

［25］　严以绥. 膜下滴灌系统规划设计与应用［M］. 北京：中国农业出版社，2003.

［26］　张承林，郭彦彪. 灌溉施肥技术［M］. 北京：化学工业出版社，2006.

［27］　张承林，姜远茂. 苹果水肥一体化技术图解［M］. 北京：中国农业出版社，2015.

［28］　张承林，邓兰生. 水肥一体化技术［M］. 北京：中国农业出版社，2012.

［29］　张洪昌，李星林，王顺利. 蔬菜灌溉施肥技术手册［M］. 北京：中国农业出版社，2014.

［30］　张江周，严程明，史庆林等. 菠萝营养与施肥［M］. 北京：中国农业大学出版社，2014.